U0180845

deca

decoration

中华人民共和国成立 70 周年建筑装饰行业献礼

# 德才装饰精品

中国建筑装饰协会　组织编写
德才装饰股份有限公司　编著

中国建筑工业出版社

DECAI
德才
中华人民共和国成立 70 周年建筑装饰行业献礼
19

# 9 decai decoration

editorial board

# 丛书编委会

# 本书编委会

总指导　刘晓一

总审稿　王本明

主　编　叶德才

副主编　刘　彬　王振西　袁永林　叶得森
　　　　裴文杰　薛玉芹　王文静　孙晓蕾
　　　　田会娜　刘　刚　曲中宝　王　筱
　　　　王永峰　郭　振　乔永胜　王砚廷

编委成员　张立彬　吴晓伟　林　鹏　雷　凯
　　　　　汪艳平　毛双星　汲庆玉　王周尧
　　　　　董开满　杨成都　王　昱　孙晓君
　　　　　杨　帅　杨翠芬　范　旭　张胜利
　　　　　于启睿　初泉源　丁　涛　刘春磊
　　　　　王素慧　管　帅　孙鹏冲　唐　丽
　　　　　左　超　席福霞

foreword

# 序一

中国建筑装饰协会名誉会长
马挺贵

伴随着改革开放的步伐，中国建筑装饰行业这一具有政治、经济、文化意义的传统行业焕发了青春，得到了蓬勃发展。现在建筑装饰行业已成为年产值数万亿元、吸纳劳动力 1600 多万人、并持续实现较高增长速度、在社会经济发展中具有基础性作用的支柱型行业，成为名副其实的“资源永续、业态常青”的行业。

中国建筑装饰行业的发展，不仅有着坚实的社会思想、经济实力及技术发展的基础，更有行业从业者队伍的奋勇拼搏、敢于创新、精益求精的社会责任担当。建筑装饰行业的发展，不仅彰显了我国经济发展的辉煌，也是中华人民共和国成立 70 周年，尤其是改革开放 40 多年发展的一笔宝贵的财富，值得认真总结，大力弘扬，更好地激励行业不断迈向新的高度，为建设富强、美丽的中国再立新功。

本系列丛书，是由中国建筑装饰协会和中国建筑工业出版社合作，共同组织编撰的一套展现中华人民共和国成立 70 周年来，中国建筑装饰行业取得辉煌成就的专业科技类书籍。本套丛书系统总结了行业内优秀企业的工程运作经验，这在行业中是第一次，也是行业内一件非常有意义的大事，是行业深入贯彻落实习近平社会主义新时期理论和创新发展战略，提高服务意识和能力的具体行动。

本套丛书集中展现了中华人民共和国成立 70 周年，尤其是改革开放 40 多年来，中国建筑装饰行业领军大企业的发展历程，具体展现了优秀企业在管理理念升华、技术创新发展与完善方面取得的具体成果。本套丛书的出版是对优秀企业和企业家的褒奖，也是对行业技术创新与发展的有力推动，对建设中国特色社会主义现代化强国有着重要的现实意义。

感谢中国建筑装饰协会秘书处和中国建筑工业出版社以及参编企业相关同志的辛勤劳动，并祝中国建筑装饰行业健康、可持续发展。

# 序二

中国建筑装饰协会会长
刘晓一

为了庆祝中华人民共和国成立 70 周年，中国建筑装饰协会和中国建筑工业出版社合作，于 2017 年 4 月决定出版一套以行业内优秀企业为主体、展现中华人民共和国成立 70 周年，尤其是改革开放 40 多年来建筑装饰成果的系列丛书，并作为协会的一项重要工作任务，派出了专人负责进行筹划、组织，推动此项工作顺利进行。在出版社强力支持下，经过参编企业和协会秘书处一年多的共同努力，现在已经开始陆续出版发行了。

建筑装饰行业是一个与国民经济各部门紧密联系、与人民福祉密切相关、高度展现国家发展成就的基础行业，在国民经济与社会发展中具有极为重要的作用。中华人民共和国成立 70 周年，尤其是改革开放 40 多年来，我国建筑装饰行业在全体从业者的共同努力下，紧跟国家发展步伐，全面顺应国家发展战略，取得了辉煌成就。本套丛书就是一套反映建筑装饰企业发展在管理、科技方面取得具体成果的一套书籍，不仅是对以往成果的总结，更有推动行业今后发展的战略意义。

党的十八大之后，我国经济发展进入新常态。在协调、创新、绿色、共享的新发展理念指导下，我国经济已经进入供给侧结构性改革的新发展阶段。中国特色社会主义建设进入新时代后，为建筑装饰行业发展提供了新的机遇和空间，企业也面临着新的挑战，必须进行新探索。其中动能转换、模式创新、互联网 +、国际产能合作等建筑装饰企业发展的新思路、新举措，将成为推动企业发展的新动力。

党的十九大提出“人民日益增长的美好生活需要和不平衡不充分的发展之间的矛盾是当前我国社会主要矛盾”，这对建筑装饰行业与企业发展提出新的要求。人民对环境质量要求的不断提升，互联网、物联网等网络信息技术的普及应用，建筑技术、建筑形态、建筑材料的发展，推动工程项目管理转型升级、提质增效、培育和弘扬工匠精神等，都是当前建筑装饰企业极为关心的重大课题。

本丛书以业内优秀企业建设的具体工程项目为载体，直接或间接地展现出的对行业、企业、项目管理、技术创新发展等方面的思考心得、行动方案和经验收获，对在决胜全面建成小康社会，实现两个一百年的奋斗目标中实现建筑装饰行业的健康、可持续发展，具有重要的学习与借鉴作用。

愿行业广大从业者能从本套丛书中汲取到营养和能量，使本套丛书成为推动建筑装饰行业发展的助推器和润滑剂。

# decai decoration

## 走近德才

**德才装饰简介 >>>**

德才装饰成立于1999年，自2005年始快速发展，是一家集工程建设、装饰装修、规划设计、新材料研发与生产的大型建筑装饰企业。公司涵盖施工、设计、科技园区等3大业务领域，下设青岛、北京、伦敦3个中心，同时设立有多个分公司，业务涵盖全国7大区域。

德才装饰作为中国驰名商标、北方知名的装饰品牌，凭借雄厚实力和专业技能成功承接了北京奥运会、上合组织青岛峰会等大型场馆、北京机场、青岛机场、青岛地铁、小青岛服务中心、长沙铜官窑古镇、芜湖鸠兹古镇、扬州市科技馆、厦门威斯汀酒店、海南淇水湾、重庆市交通银行、成都量力健康城、烟台山医院、杭州长龙领航城、唐山国花园、镇江金山寺、重庆缙云山寺观、伦敦国王十字车站等诸多国内外地标性建筑，同时承接了海尔地产、保利地产、中海地产、龙湖地产、金茂地产、苏宁地产、华润地产、鲁能地产等高档住宅的精装修工程。

**立足建筑装饰，**
**引领行业发展 >>>**

2019年，德才装饰在全国建筑装饰行业位居第3名，全国建筑装饰设计行业位居第4名，全国建筑幕墙行业位居第5名，连续15年位居山东省首位，同时公司以突出的业绩、雄厚的实力荣获中国建筑工程鲁班奖、国家优质工程奖、中国建筑工程装饰奖、全国科技示范工程奖、全国科技创新成果奖、中国驰名商标、国家级高新技术企业、国家级守合同重信用企业、国家级知识产权优势企业、中国民族建筑百强企业、中国民族建筑优秀企业、中国建筑装饰协会AAA级信用企业、山东省泰山杯、山东省建筑业装饰企业十强、山东省建筑装饰行业优秀企业、山东省服务名牌、海南省建筑工程装饰奖、重庆市优质建筑装饰工程奖、华东地区优质工程奖、青岛杯等诸多荣誉，在设计领域则荣获了山东省首个中国设计年度人物荣誉以及中国装饰设计金奖、银奖、年度最佳设计团队、年度杰出设计师、华鼎杯银奖、中国建筑装饰设计奖铜奖等多项荣誉。

另外，公司荣获了第五届青岛市市长质量奖，并持续入选2017年、2018年、2019年度山东省建筑30强企业，2019年、2020年青岛市民营企业100强。

**响应一带一路，**
**布局国际市场 >>>**

英国DC-HD设计院于2013年在英国伦敦成立，整合了百余位国际一流的设计师资源，在世界领域享有较高的知名度。借助DC-HD设计院，德才装饰成功将业务拓展到欧洲、亚洲、中东、加勒比海等国际市场，并承接了诸多城市规划、住宅、景观设计、大型场馆及酒店设计项目，作为欧洲地标性建筑的伦敦国王十字车站便是由 DC-HD 设计院进行设计的。

2016 年 4 月，时任山东省委常委、青岛市委书记李群为德才装饰叶德才董事长授予表彰牌，对德才装饰多年来为青岛市与英国经贸合作做出的突出贡献表示肯定和认可。2017 年 11 月，时任青岛市委副书记、市长孟凡利率团访问英国期间对德才英国 DC-HD 设计院进行走访调研。孟凡利市长表示：德才装饰在伦敦设立海外设计院的发展模式值得肯定和推广，期待能有更多的青岛企业借鉴德才装饰的发展模式走出去，并希望德才装饰再接再厉，放眼世界，取得更好的成绩。

现在英国 DC-HD 设计院多位英国设计师常驻青岛，现场办公，实现国内外强强联合，充分发挥国际创意资源的优势，为国内客户提供一流的设计服务。目前国内最大的湿地公园 - 贵州黄果树湿地公园以及青岛市新八大关、青岛市红岛 - 胶南城际轨道交通工程全部高架站均是英国 DC-HD 设计院的优秀作品。由其设计的青岛地铁 13 号线被评为“中国最美地铁站”，并被中央电视台、山东省新闻联播等主流媒体纷纷报道。

**< < < 创新技术研发，促进转型升级**

德才装饰高度重视技术研发与创新，荣获了包括鲁班奖、国优奖等国家级奖项三百余项，山东省建筑工程质量泰山杯、青岛杯及省市级工法奖项四百余项，发明及实用新型专利近五百项。2019 年，德才装饰被评为山东省企业技术中心，在技术创新研发和新旧动能转换重大工程中继续发挥推动作用。同时，德才装饰主持编写了住建部《寺庙建筑装饰装修工程技术规程》《中国古建筑营造技术导则》《建筑装饰工程木质部品（产品标准）》《住宅建筑室内污染控制》等行业标准，公司于 2018 年荣获中国建筑装饰行业标准编制工作先进单位荣誉称号。

德才装饰近年来一直在探索 BIM、VR、EPC、绿色建筑、装配式建筑等先进技术在设计领域的推广应用。2017 年，公司成立了 BIM 研发中心，通过英国 DC-HD 设计院学习、引进英国先进的 BIM、VR 技术。其中青岛海尔云谷、青岛市红岛 - 胶南城际轨道交通工程并评为山东省 BIM 技术应用示范项目，青岛市地铁 8 号线、13 号线、青岛华润城项目则荣获山东省建筑信息模型（BIM）技术应用成果三等奖。2019 年 6 月，德才装饰在中国数字建筑年度峰会上进行 BIM 主题演讲，介绍德才装饰在 BIM 技术上的成功探索和实践，受到高度肯定。

另外，德才装饰旗下的青岛德才高科新材料有限公司位于青岛胶州市空港经济区，占地 300 余亩，通过引进德国、意大利等先进生产线，进行单元体幕墙、系统窗、高档门窗、节能环保新型材料的研发与生产，拥有世界一流的机械生产设备，为国内顶级配置，是国内绿色环保生产研发基地之一。

**热心公益事业，**
**爱心回报社会 > > >**

德才装饰积极致力于各种社会公益事业、慈善事业、环保事业，用爱心回报社会，持续资助贫困学校和弱势群体，助学敬老、济困救危、访贫问苦，实施人道帮扶。公司在制定战略规划和年度计划时把公益支持列入重要内容，确定在文化事业、公共事业、慈善事业、行业发展等方面为重点支持领域，并付诸实践，树立了良好的企业形象，公司每年都会对胶州市等地的困难群众进行走访慰问。

2016 年，德才装饰捐资 100 万元在中国海洋大学成立“德才奖学基金”，每年均会为中国海洋大学本科生颁发“德才奖学金”，以此激励获奖学生再接再厉、不断进取。同时，公司积极与山东建筑大学、山东工艺美术学院、青岛理工大学、青岛市房地产中等专业学校、城阳区职业中等专业学校等开展校企合作，作为青岛市现代学徒制试点单位，积极建立现代学徒制的实训基地，每年均为百余名学生提供实习基地。

近年来，德才装饰每年均邀请清华大学建筑学院教授、国家文物局专家、北京故宫博物院研究馆员、中国民族建筑研究会专家等专家学者在青岛高校举行学术讲座。另外，青岛理工大学艺术与设计学院授予德才装饰产学研创新实践基地。

在中西方交流方面，德才装饰积极发挥桥梁纽带作用，邀请国际一流专家在青岛开展学术交流，先后邀请英国 AHMM 设计院创始人、世界知名建筑设计师西蒙 · 奥福德，法国建筑院士阿兰 · 夏尔 · 佩罗，法律院士迪埃 · 贝奈姆，法兰西艺术学院院士、海洋建筑专家雅克 · 鲁热力先生，英国扎哈 · 哈迪德建筑事务所总裁、参数化设计创始人帕特里克 · 舒马赫博士在青岛进行学术交流，受到国内设计行业及广大师生的极大欢迎。

## 结语 > > >

二十年来，德才装饰从起步、发展到开拓、飞跃，创造出一个又一个行业神话。我们将以专业的理念、专业的设计、高效的管理、均质的质量、优质的服务为客户提供高品质的服务，再创行业奇迹。

# contents

## 目录

decai decoration

# 小青岛服务中心装饰装修工程

**项目地点**

山东省青岛市市南区琴屿路 2 号

**工程规模**

施工面积 600 余 $m^2$

**开竣工日期**

2018 年 1 月 20 日 ~ 4 月 22 日

**社会评价**

小青岛服务中心作为上合组织青岛峰会的重要配套项目，整体庄重典雅，凝练大方，立足本土、强调文化、融汇礼仪、铸造神韵，传承中国传统及山东地域经典工艺，凸显古老华夏文明与大国工匠精髓。

外观

# 工程简介

项目施工总面积600余平方米，分为一层门厅、会见厅、休息室，二层接见厅、餐厅、休息室6个主要空间。整体装饰设计将鲁绣、木雕、景泰蓝、铜雕、沥粉彩金、国画等中国传统工艺与现代创新型材料工艺相结合，沿袭经典，邀世界共赏。

# 主要功能空间

## 一层门厅

### 简介

小青岛服务中心一层门厅占地面积76m$^2$，地面采用石材铺贴，在选料上采用素有“米黄石之王”美誉的、产自伊朗的莎安娜系列大理石无缝拼接而成，其质感近似玉石，色调柔和、温暖。牡丹团花图案为定制图案，石材经过水刀艺术拼花处理、电脑制图、机器切割、人工拼贴粘合、机器抛光、手工编号、现场铺装而成，牡丹团花紧簇，一派盛世景象。一层门厅正面雕塑“芙蓉出水”表现君子清廉之风，它是以

一层门厅

会见厅 1

会见厅 2

耐腐蚀防水的不锈钢材质为基底，上覆混凝土，加盖防水层，以大理石材做外饰面（四层工艺）。吊顶采用双层石膏板吊顶。

## 设计

“石之美者为玉”，在材料上为石，在中国文化上则为玉——君子比德为玉。采用白色石材更有白玉无瑕之意。正面雕塑“芙蓉出水”表现君子清廉之风，同时“荷”通“合”，又有君子和而不同之意。地面牡丹团花紧簇，一派盛世景象。

## 材料

莎安娜系列大理石、不锈钢、鱼肚白大理石、9.5mm 石膏板、乳胶漆等。

## 技术难点、重点、创新点分析

### 地面石材拼花

• 门厅地面采用牡丹团花定制图案，图案造型复杂，为密缝铺贴，对石材加工尺寸精度和铺贴施工质量要求较高。

• 石材采用水刀艺术拼花处理，电脑制图、机器切割。铺贴前进行试铺，以求效果最佳。正式铺贴时，采用人工拼贴黏合，机器抛光，手工编号，现场铺装，铺贴质量上乘。

门厅石材地面

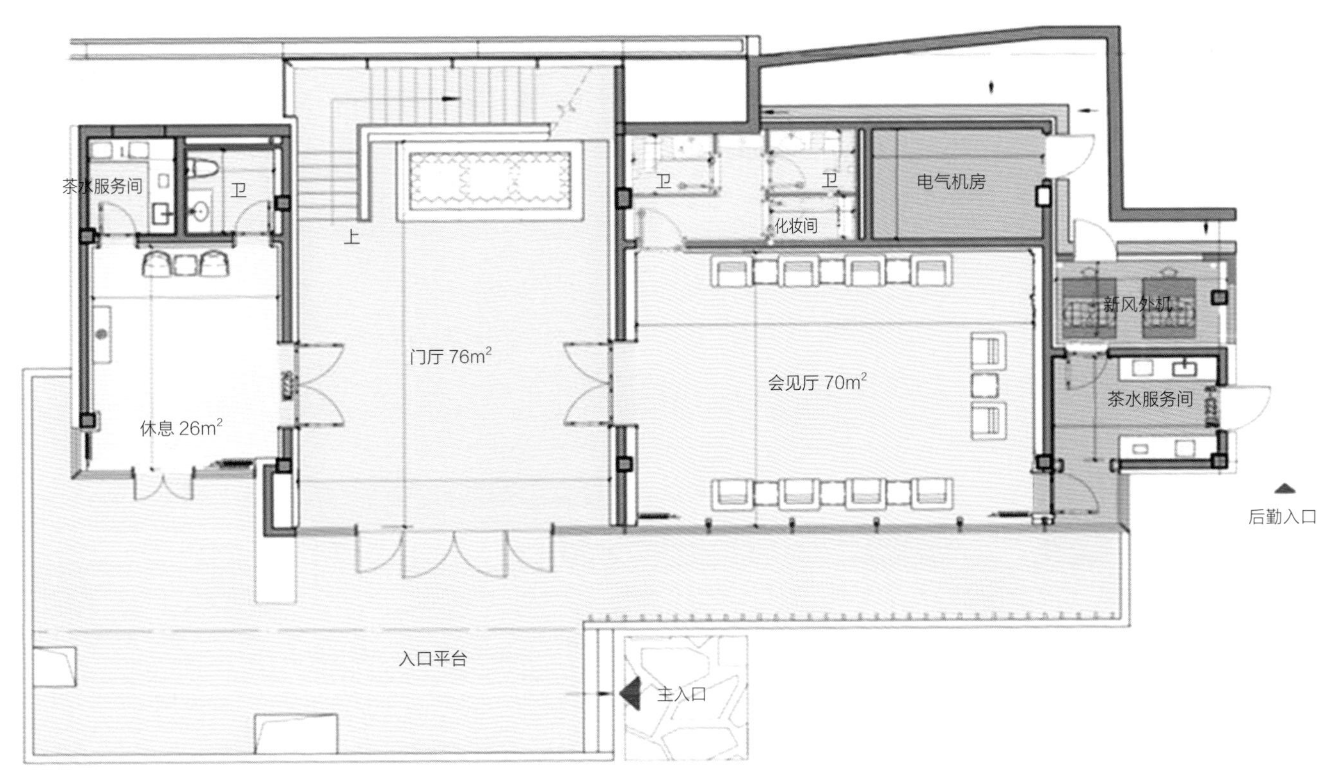


一层平面图

超大规格干挂大理石墙面

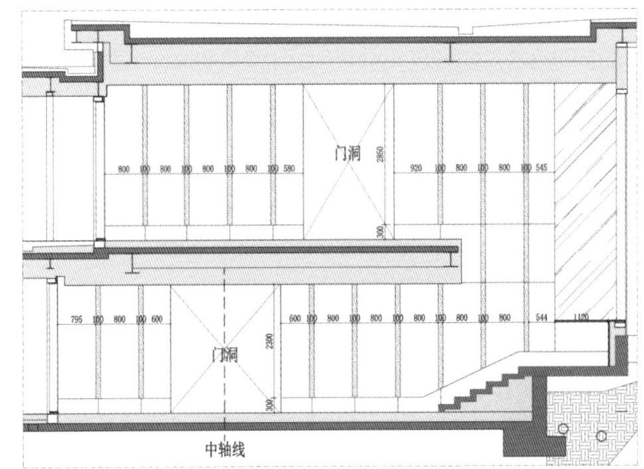


超大干挂大理石大样图

## 超大规格墙面干挂石材

选用 2850mm × 1000mm × 25mm 超大规格意大利进口鱼肚白石材。由于石材板面超大，石材厚度又达到 25mm，每一块石材都分量十足，施工难度较大，8 名工人配合方可完成安装。同时，石材安装纹理要求一致，安装前进行排板编号。

## 工艺

### 大理石地面密缝铺贴施工工艺

清扫整理基层地面→水泥砂浆找平→定标高、弹线→选料→板材浸水湿润→安装标准块→摊铺水泥砂浆→铺贴石材→清洁→养护交工。

• 先将石板块背面刷干净，石材做六面防护处理，铺贴时保持湿润。

• 根据水平线、中心线（十字线），按预排编号铺好每一开间及走廊左右两侧标准行（封路）后，再进行拉线铺贴。

• 铺贴前应先处理地面基层，必须坚实清洁（无油污、浮浆、残灰等），并浇水湿润，再刷素水泥浆（水灰比为 0.5 左右）；水泥浆应随刷随铺砂浆，并不得有风干现象。

• 铺干硬性水泥砂浆（一般配合比为 1 ：3，以湿润松散，手握成团不泌水为准，找平层虚铺，厚度以 25 ~ 30mm 为宜，放上石板时高出预定完成面约 3 ~ 4mm），用铁抹子（灰匙）拍实抹平然后进行石板预铺，并应对准纵横缝，用木槌敲击板中部，振实砂浆至铺设高度后，将石板掀起，检查砂浆表面与石板底相吻合后（如有空虚处，应用砂浆填补），在砂浆表面先用喷壶适量洒水，均匀撒一层水泥粉，把石板块对准铺贴，铺贴时四角要同时着落，再用木槌敲击至平正。

• 铺贴顺序从大理石拼花中心向外铺贴。

• 铺好石板块两天内禁止行人和堆放物品。

### 超大规格干挂石材施工工艺

安装钢龙骨→弹线分块→大理石安装→临时固定→清理→嵌缝→抛光。

• 安装钢龙骨：按照按石材板块尺寸安装钢龙骨，钢龙骨应具有强度和一定的刚度，其质量应符合国家现有的施工及验收规范的有关规定。

• 弹线分块：按照设计图纸进行放样排模数。根据设计图纸和相关国家现行标准和规范进行，将排好的模数交于设计师、业主审核，大理石按放样排板模数要求规格订货，并按要求进行切割、钻孔、剔槽、倒角、磨边等加工，并应进行试排，确保接缝均匀，符合图案要求。

会见厅内景

·试镶装合适后，需在板孔内灌胶黏剂再用挂件锚固。饰面板上下左右各端相邻块面须接缝严密，缝宽1mm，每层板镶挂完后，用直尺找垂直，水平尺找平整，方尺找阴阳角，缝隙需均匀，上口平直，角方正，表面平整，再做上层。最后擦缝清洁，抛光，打蜡，擦亮使其恢复特有的天然光泽。

## 会见厅

### 简介

会见厅位于一层，建筑面积 70m$^2$，可举行接见、会晤、座谈等。

### 设计

以大幅国画“红荷碧莲”为主宾背景，蕴含儒家的“和合”理念。“荷”既有和谐、和平、祥和的意思，又有聚合、合作、融合的含义；“莲”则寓意和为贵、合作联合共赢。两侧墙面嵌入鲁绣十六屏，涵盖中国十大名花及独具特色的牡丹，分别包含着中国不同层面的精神文化底蕴，寓意中华民族生生不息、万代传承。国画及鲁绣画框采用纯木框架装裱，以国之瑰宝、第一批非物质文化遗产景泰蓝装饰画框四角。会见厅吊顶为传统九宫格藻井，点缀以中国古代建筑漆艺；以纯手工工艺的沥粉彩金牡丹画，辅助定制的 GRG 浮雕外框及铜雕祥云十字纹饰装饰，整体典雅优美，沉稳大方，极具艺术美感。

## 材料

地毯、软包、鲁绣屏、壁纸、软膜吊顶、景泰蓝、GRG 浮雕、9.5mm 石膏板、乳胶漆等。

鲁绣

景泰蓝饰物

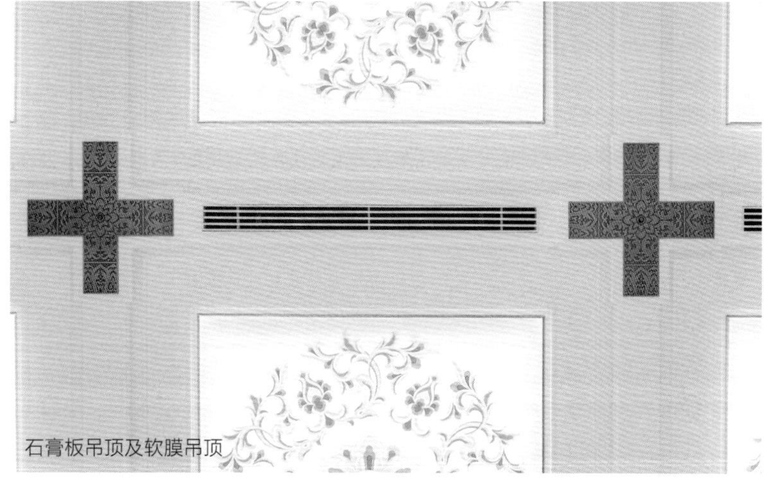
石膏板吊顶及软膜吊顶

软膜顶棚内置检修口

软膜吊顶

鲁绣屏

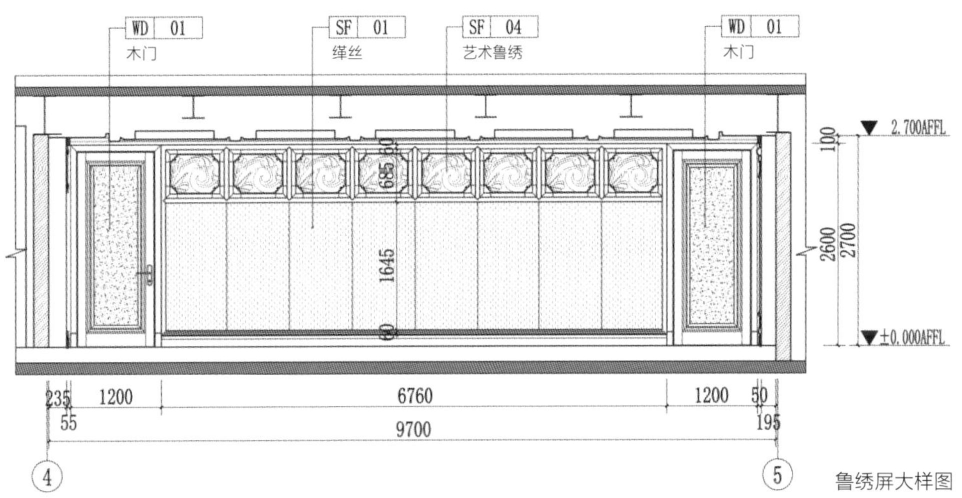

鲁绣屏大样图

## 技术难点、重点、创新点分析

为实现装饰的美观效果，同时不影响空调的实用功能，将回风口设计为空调局部检修口，将软膜吊顶设可开启隐蔽检修口，增设装饰假风口，设计无边框工艺装饰风口，将风口融入空间造型，使之成为装饰构成一部分。

方案设计过程中，深化设计前置，根据测量尺寸进行排板分析，将第一稿方案设计的 8 屏鲁绣改为 10 屏鲁绣唯美比例，同时对应中国十大名花主题。

# 餐厅

## 简介

位于建筑二层，占地面积 84m$^2$，为接待贵宾用餐的场所。

## 设计

餐厅两面墙为玻璃幕，故以北侧墙面为主背景，以浅降手法设整幅梅花主题国画，使主宾位形成靠花观海的格局。两侧中式格栅玲珑剔透嵌以美玉，给人优雅的古典之美。门上拉手以传统柿蒂纹铜艺嵌以美玉，两门相合形成璧合的效果；门两侧设木雕对屏，表现中国特色与海上丝路源头。吊顶以铜浮雕祥云纹配以山水纹透光石发光顶，以传统文人意象的手法表现齐鲁大地博大壮美的自然山水。

餐厅

## 材料

印花玻璃、金属格栅、地毯、木雕屏风、GRG 浮雕板及 GRG 浮雕装饰框线、天然复合透光石、9.5mm 石膏板、乳胶漆等。

## 技术难点、重点、创新点分析

餐厅吊顶呈现的实景是铜浮雕祥云纹配以山水纹透光石发光顶。实景背面吊顶整体以 400mm × 400mm 的钢龙骨架为基底，外覆金星铜铸浮雕祥云纹框架，内嵌 21 块山水纹透光玉石发光灯及 21 块透明有机玻璃，确保玉石即使发生破损依然不会脱落。

· 工艺难点：设计效果要体现天然石材自然纹理。采用天然透光玉石需厚度达到 2cm 以上才能强度达标，而 2cm 板因光照折损会导致透光不达标，且如玉石顺纹断裂有重大安全隐患。

· 技术创新：采用透光玉石以 5cm 薄片与玻璃复合工艺，实现了玉石自然纹理美观的设计效果，防火等级 A 级且透光性和安全性全部达标。

餐厅吊顶施工的难点在于钢龙骨架焊接时焊接点受热膨胀变形，导致整体尺寸发生变化，外框金星铜框架为定制款，尺寸要求精度高，需要反复校正钢龙骨架，经过多次调试安装，吊顶整体环环相扣，严丝合缝。

天然透光玉石灯

# 崂山壹号院度假酒店装饰装修工程

**项目地点**

山东省青岛市崂山区王哥庄港东社区 3000 号

**工程规模**

施工面积 28500m$^2$

**开竣工日期**

2018 年 10 月 1 日 ~ 2020 年 7 月 30 号

**社会评价**

秉承传统为主、中西结合的装饰理念，中西文化在此碰撞交融、交相辉映。超高的屏风和两侧的背景，如同迎风出海的风帆，又似崂山道长头上的纶巾。项目团队通过风帆、甲板、泡沫等装饰细节，展示出酒店的飘逸灵动、风采神韵，同时实现了传统与现代的融会贯通。

崂山壹号院酒店

# 工程简介

项目施工总面积为 2.85 万余 $m^2$，德才装饰负责项目的客房、大堂、宴会厅、会议室、全日制餐厅、中餐厅、日本餐厅、包厢、泳池、后勤区、道冲苑、商务会所、酒店式会所、室外景观、幕墙等区域的施工管理，以丰富的施工经验、严格的项目管理，打造出山海相依、清隐闲适的养生环境，充分展示崂山壹号院宜养、宜憩、宜居的生活理念，为休闲度假的游客带来舒适愉悦的体验。

大堂

# 功能空间

## 大堂

### 简介

大堂占地面积 1100$m^2$，功能分区主要有前台、咖啡座及休息区、行李间及办公室、走廊、公共卫生间，提供客人接待、休息等服务，是酒店客人、服务、信息动线最为集中的场所。

宴会厅

餐厅

泳池

## 设计

本空间作为酒店的点睛之笔，广泛运用木饰面、石材马赛克等艺术工艺，使用雕刻机对石材进行精细加工，以此凸显人字形的凹凸造型，并通过前期策划、生产加工、现场安装等保证背景的展示效果及稳固性。另外，大堂采用了极具现代工艺感、重量达 300kg 的超高不锈钢屏风，具备防火、环保、耐腐蚀功能，通过采用现代时尚的古铜色及新颖的造型款式，充分彰显屏风的厚重大气和高贵华丽。超高屏风的运输难度和安装难度极大，为保证装饰效果，项目团队对方案进行反复策划、验算，最终对玻璃进行比例缩放、分隔划分，分块安装施工，强化了屏风玻璃间的主次关系，同时也强化了屏风潮起潮涌的整体效果。

## 材料

柏斯高灰石材、寒江雪石材、烤漆板、GRG、壁纸、艺术玻璃等。

## 技术难点、重点、创新点分析

### 6m 高金属隔断

・大堂采用的超高不锈钢屏风不仅具备防火、环保、耐腐蚀功能且极具现代工艺感，现代时尚的古铜色显得厚重、高端、大气，款式新颖、高贵华丽。采用激光镂空切割，表面平整无毛刺，严格控制尺寸精度，焊接抛光后电镀成型。

・屏风运输难度高，安装难度大，整体总量约为 300kg，对安装的安全性、稳定性要求极高。在综合吊顶放线阶段，提前确定安装位置、设置预埋件，预埋件采用 40mm × 40mm × 4mm 镀锌钢管与顶内转换层焊接牢固，安装时采用升降机多人同时操作。

木饰面完成图

原方案屏风内艺术玻璃超高，增加了安装难度。为保证装饰效果，对原方案玻璃比例进行缩放、分隔划分，分块安装施工，明确玻璃尺寸之间的主次关系并增强整体装饰效果。

• 由于夹丝玻璃增加了隔断自重，在边框内衬方管进行加固，增强稳定性，避免后期变形。

• 屏风场外加工成型，运至现场安装前对班组进行安全技术交底，屏风顶部与预埋方管焊接牢固，焊点部位打磨上色，确保整体统一。

大堂背景

• 前期策划阶段，整理主材（木饰面、石材马赛克、艺术品）的规格参数，考虑完成面收口关系，保证收口美观。

• 超高木饰面整板加工，对加工和运输要求高。墙板背面采用复合板加固并进行防潮处理，增强稳固性，防止后期变形。

• 严格按照图纸制作基层，严格控制不锈钢的安装尺寸及厚度。同时依据深化图纸同步下单。由于石材为人字形凹凸造型，安装缝隙定在非视线区，石材使用雕刻机加工，石材到场现场安装存在漏缝问题，安排专人进行修复。

## 木饰面施工工艺

放线→安装天地龙骨、隔墙骨架→安装竖龙骨→加强龙骨→调整龙骨→基层板安装→饰面板安装。

**放线** 依据图纸弹出隔墙位置线、门洞口位置线。

**安装天地龙骨、隔墙骨架** 用膨胀螺栓将U75天地龙骨固定于导墙与预面上，沿墙、柱龙骨安装时膨胀螺栓间距小于800mm，天地龙骨安装时膨胀螺栓间距小于1000mm。用膨胀螺栓将U75天地龙骨固定在楼板与顶面上；沿墙、柱龙骨安装时螺栓间距小于800mm, 天地龙骨安装是膨胀螺栓间距小于1000mm。

**安装竖龙骨** 用3.2mm×7mm的抽芯铆钉，将U75竖龙骨和天地龙骨固定，竖龙骨间距600mm。

**加强龙骨** 轻钢龙骨隔墙相接，转角部分要用附加龙骨固定。

**基层板安装** 隔墙两面安装9mm多层板，安装在隔墙龙骨上作为基层，安装平伏牢固无翘曲。表面如有凹陷或凸出需修正，对结合层上留有的灰尘、胶迹颗粒、钉头应完全清除或修平。

木饰面背景墙

**饰面板安装** 按施工图要求在已制作好的木作基层上弹出水平标高线、分格线，检查木基层表面平整和立面垂直、阴阳角套方。木基层所选用的骨架料必须烘干，选用优质胶合板，其平整度、胶着力必须符合要求。

选花色木夹板，分出不同色泽、纹理、按要求下料、试拼，将色泽相同或相近、木纹一致的饰面板拼装在一起，木纹对接要自然协调，毛边不整齐的板材应将四边修正刨平，微薄板应先做基层板然后再粘贴，清水油漆饰面的饰面板应尽量避免顶头密拼连接，饰面板应在背面刷三遍防火漆，同时下料前必须用油漆封底，避免开裂，也便于清洁。施工时避免表面靡擦、局部受力，严禁锤击。

木胶粉均匀涂在饰面背面及木基层一面，在饰面板上垫9mm多层板条，枪钉打在板条上，待胶干后起下板条和枪钉。起板条和汽枪钉时必须有垫木，防止局部受力，损坏饰面。

饰木线必须色泽一致，光洁平整，接缝紧密，枪钉必须钉在隐蔽部位，装饰木线的材料必须经过烘干，且含水率必须符合要求，色泽、纹理符合设计要求，线条表面必须无油污，木线表面经砂磨光滑、油漆封底，分色挑选后运送至工地。

直接固定的饰面必须使用纹枪钉施工。微薄板以及按设计要求安装的饰面板，在做好中密度板、多层板基层板的基础上采用两面涂刷强力胶粘贴，涂刷胶水必须均匀，胶水及作业面整洁，涂刷胶水刨削饰面板贴面。精心施工，加强成品保护，避免边角被碰。

## 全日制餐厅

### 简介

全日制餐厅位于崂山壹号院主体酒店一层东面，临近52号大堂。全日制餐厅主要空间包括接待区、散客用餐区、独立包厢、名厨区，可容纳96人，总体装饰面积533m$^2$。全日制餐厅按照国际五星级酒店标准，24h营业并提供全天候美食及服务。

餐厅内景

## 设计

全日制餐厅以海洋文化为主题，在施工中充分展示海浪、潮汐、渔网、海鲜、虾蟹等元素。施工以蓝色、灰色、咖啡色为主，配合独特的暗藏式风口、不锈钢吊架、不锈钢屏风等装饰细节，充分利用海浪图案的艺术玻璃、萨卡灰石材、迪斯盖亚石材、雪银灰石材等彰显海洋元素的装饰材料，突出餐厅现代简约的风格。

## 材料

柏斯高灰石材、寒江雪石材、烤漆板、GRG、壁纸、艺术玻璃等。

## 技术难点、重点、创新点分析

### 不锈钢吊架

此吊架由 40mm × 40mm 不锈钢方管、5mm 厚水纹玻璃以及金属网构成。考虑吊架整体重量以及安装后存在的安全隐患，从原结构楼板做竖向 8 号热镀锌槽钢生根，在石膏板吊顶之上使用 5 号热镀锌角钢沿不锈钢吊架做转换层，不锈钢立管加长延伸满焊至吊顶以上 5 号热镀锌角钢转换层。吊架单独做钢架预埋，增加了结构的安全性能。

餐厅局部

### 柱身两侧不锈钢屏风

原方案中，此屏风上艺术玻璃为四面进槽安装，由于该艺术玻璃为斜放，四面留槽不锈钢加工困难，故改为上下进槽。

整个屏风有 27 块艺术玻璃，整体为一幅图案，为保证安装后的效果，下单时已对每一块玻璃进行编号。

### 地面石材与木地板衔接（通用做法）

不锈钢收口条焊接至25沉头螺钉，内填结构胶，木地板侧边抽槽，不锈钢收口条插入槽内，内填结构胶。优点：防止木地板热胀翘边；防止不锈钢收口条脱落变形。

### 暗藏式风口

吊顶安装石膏板前，将GRG镂空板安装位置精确定位，第二层石膏板封板时留出GRG镂空板安装空间，风口固定至阻燃板基层。风口安装位于 GRG 镂空板内。

### 不锈钢屏风施工工艺

骨架及预埋件的位置确定：根据图纸在施工现场用红外线卷尺等工具定位位置，标记好，画好膨胀螺栓孔位，打孔安装预埋件，再根据图纸样式安装骨架。

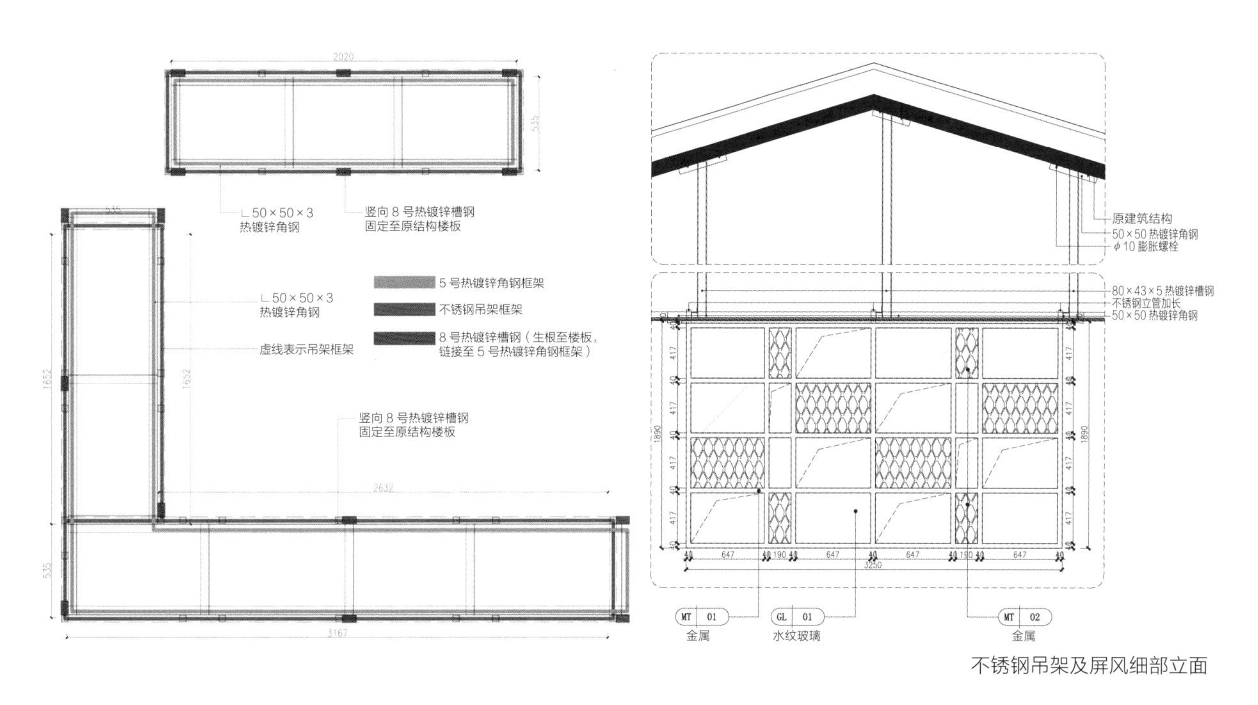

不锈钢吊架及屏风细部立面

不锈钢吊架

安装好骨架后，需根据实际尺寸确定屏风尺寸，在计算机上绘制出屏风的图纸并根据折边及板厚情况绘制出相应的激光排板图。

安装艺术玻璃，将艺术玻璃安装在周边槽口内，并固定牢固。

清洁，采用中性清洁剂对玻璃和屏风进行清洁。

# 青岛市海尔洲际酒店公共区域装修改造

**项目地点**

山东青岛市市南区澳门路 98 号

**工程规模**

建筑面积 11682m$^2$

**开竣工日期**

2015 年 3 月 25 日 ~ 9 月 25 日

**社会评价**

青岛市海尔洲际酒店位于青岛国际奥林匹克帆船中心，毗邻青岛上合峰会主会场青岛国际会议中心。酒店隶属于全球知名的洲际酒店集团，秉承真挚的殷勤好客之情和深入洞悉的服务，让每一位宾客都全方位体会到“洲际人生，知行天下”的至尊享受。青岛市海尔洲际酒店作为城市豪华新地标，与青岛奥帆中心一起联合打造了休闲旅游、商务差旅、国际会展新景观。

酒店外观

# 工程概况

青岛市海尔洲际酒店傲立于青岛商业中心区黄金地带，纵览青岛壮丽城市海岸线，拥有 410 间客房及套房，9 间时尚特色餐厅与酒吧，2000 余平方米室内会议区。

青岛市海尔洲际酒店公共区域装修改造（超五星级）项目主要包括大堂、宴会厅、贵宾室、泉廊、电梯间、蜜苑、健身房、糕点屋等区域的装修改造。

# 主要功能空间

## 大堂

### 简介

大堂位于建筑一层，面积 2826m$^2$，设有总服务台、大堂吧、宾客自助服务区、休闲区等。平面布置为由东门进入前厅大堂，穿过大堂进入服务台水吧休息区，这里可为客人办理入住登记提供必要的休息及缓冲；过了水吧休息区就进入服务台，绕过服务台右手边为大堂吧，大堂吧左手边即服务台后面为泉廊。泉廊西侧为蜜苑，这里是集休闲娱乐于一体的好去处。大堂宽敞典雅，功能设施齐全，设有水景景观。

### 设计

大堂入口满目黑金砂大理石，如入浩瀚宇宙，但见繁星点点；通往服务台通道的进口玻利维亚蓝大理石地面，让人仿佛置身于“天空之镜”——玻利维亚的乌尤尼盐原（Salar de Uyuni），舒缓优美。水吧区吊顶采用 GRG 造型，质量小，强度高，塑形好，GRG 造型与大堂入口上空金属造型遥相呼应，浑然天成。金属线串联大小不一的水晶珠帘，如同水景池底深海生物口吐泡泡，把休闲区划分为通透而又相互独立的私密空间。服务台与主背景墙凝固了海浪的符号，于七彩变幻间，赋予主题吊灯无穷的想象空间，似具象的风，似凝固的水，似无穷变换的海洋生物，与地面蓝白相间的玻利维亚蓝大理石相呼应，伴随着前厅的水珠和流水，记录着海洋的历史。

大堂内景

大堂入口

## 材料

黑金砂大理石、玻利维亚蓝大理石、异形不锈钢板吊顶造型、GRG 造型、地毯、水晶马赛克、水晶珠帘、镂空铜雕折线板、海洋主题定制吊灯、雨林啡棕大理石等。

## 技术难点、重点、创新点分析

9m 挑空大堂吊顶螺旋不锈钢造型在工厂加工，采用拉弯工艺成型，定型后现场吊装，将焊接在造型上的不锈钢吊杆固定在楼板上。考虑工程距离海边较近，材料选择 316 不锈钢，增强了材料的耐腐蚀性。每套不锈钢造型之上设置明装筒灯，穿插其中，既满足使用功能需要，又起到很好的装饰作用。玻利维亚蓝石材在切割出材之前先进行预排板，左右两块石材由同一块荒料切割而成，对称铺装，石材接缝处纹理完美对接，形成奇特的梦幻图案。石材在工厂预拼后进行编号，施工时依据排板编号铺贴。玻利维亚蓝地面石材的运用，解决了大面积地面黑金沙石材的眩光问题，使视觉效果更加完整统一。

## 工艺

### 异形不锈钢板吊顶造型施工工艺

#### 施工准备

• 材料

不锈钢螺旋造型：采用工厂拉弯加工。

吊杆：选用直接 10mm 镀锌全丝吊杆。

• 作业条件

1）做好墙柱面、天棚、吊顶及楼地面的保护层。

2）吊顶内水电设备管线等施工完毕并经检查合格。

#### 施工工艺流程

钻孔→安装吊杆→安装横龙骨→吊顶钻孔→安装吊顶造型。

**钻　　孔**　按照图纸在安装吊顶造型处的钢结构转换层的横向钢龙骨上钻孔，孔间距 1200mm。

**安装吊杆**　安装直径 10mm 吊杆，要求吊杆安装牢固，吊杆无弯曲。

**安装横龙骨**　在吊杆底部安装 50mm × 50mm × 5mm 镀锌角钢横龙骨，要求龙骨安装平直。

水晶珠帘

| | |
|---|---|
| **吊顶钻孔** | 根据图纸要求在石膏吊顶板上放线定位吊顶造型位置，按直径 12mm 钻孔，孔间距误差小于 1mm。 |
| **安装吊顶造型** | 安装不锈钢吊顶造型，将吊顶造型上的连接螺杆穿过石膏板吊顶孔，连接在 50mm × 50mm × 5mm 镀锌角钢横龙骨上，调整到位后固定，要求安装牢固。 |

## GRG 吊顶造型施工工艺

### 施工准备

· 作业条件

安装完顶棚内的各种管线及设备，确定好灯位、通风口及各种照明孔口的位置。

顶棚罩面板安装前，应做完墙、地湿作业工程。

搭好顶棚施工平台架子。

· 材料准备

GRG 板材、龙骨、吊杆等。

· 施工机具

冲击钻、无齿锯、钢锯、射钉、刨子、螺钉、吊线锤、角尺、锤子、水平尺、白线、墨斗。

施工工艺流程

测量、放线→设计大样图及复核尺寸→ GRG 板工厂加工→钢结构转换层、钢结构制作安装→ GRG 板安装。

**测量、放线** 结合原始结构施工图与总包方沟通，采用全站仪、钢尺、线锤等测量工具，将纵横两向的轴线测设到建筑物天棚需要安装 GRG 板的部位。轴线宜测设成分格状，如原图轴线编号不够，可适当增加虚拟的辅助轴线。方格网控制在 3m×3m 左右（弧形轴线测设成弧线状）。测设完成的轴线用墨线弹出，并清晰地标出轴线编号，不能弹出的部位可将轴线控制点引长或借线并作标记。轴线测设的重点应该是起点线、终点线、中轴线、转折线、洞口线、门边线等具有特征的部位（日后安装的控制线）。返测时读尺员前后互换，以避免偶然的误差。使用水平仪，将各个有特征部位的标高测出，亦标注在平面（或立面）上，尺寸精确到毫米。

**设计大样图及复核尺寸** 将现场实测的尺寸和标高绘制成图，与原土建图纸和装饰设计理念图纸作对比，加上钢结构转换层和施工作业必要的操作面厚度后，若超出装饰设计理念图的范围（即 GRG 材料包不住结构），则应马上汇报给建设单位及设计单位做设计参数及几何尺寸的调整。

**GRG 板工厂加工** 工厂收到经现场传来的确认的深化图后组织加工生产。项目使用的 GRG 产品是用专用石膏——超细结晶石膏（改良石膏）为基料与专用连续刚性的增强玻璃纤维制成，其材料能提供稳定的物理强度，并且石膏分子的细致可让产品完成面更光滑平顺，充分表现本工程多曲面的特性。

**钢结构转换层、钢结构制作安装** 现场实测图完成后，出具钢结构转换层设计图纸，具体的钢结构转换层设计将报原设计单位及建设单位审核通过。在施工过程中全过程配合测量检查，钢结构制作严禁出现正误差，即只能小不能大，若尺寸小则在 GRG 安装时调整。

**GRG 板安装** 吊杆采用角钢，角钢与板材预埋件用 $\phi$8 螺栓连接。所有进场的 GRG 板必须经验收后方可使用。根据吊顶的设计标高要求，在四周墙上弹线。根据图纸要求定出吊杆的吊点坐标。先安装角钢吊杆，然后与预埋件连接固定。对到场的 GRG 板仔细核对编号和使用部位，利用现场测设的轴线控制线，结合水平仪，进行板块的粗定位、细定位和精确定位，经复测无误后进行下一块的安装。安装的顺序宜以中轴线往两边进行，以便将可能出现的误差消化在两边的收口部位。吊杆间距为 900mm，板材调整用 C 形夹，夹住两片板调整平整度，调整好后用 $\phi$8 对敲螺钉固定锁紧。按照专业厂家提供的尺寸、位置开孔。

## 注意事项

为保证大面积吊顶的平整度，安装人员必须根据设计图纸要求进行定位放线，确定标高，注意 GRG 吊顶位置与管道之间关系，要上下对应，防止吊顶位置与各种管道设备的标高重叠，通过复测事先解决这一问题。根据施工图进行现场安装，并在平面图内记录每一种材料的编号。

弹线确定 GRG 吊顶的位置，使吊顶钢架吊点准确，即吊杆垂直、各吊杆受力均衡，避免吊顶产生大面积不平整。为确保符合建筑声学方面的要求，施工安装每一个交接点时用 3mm 厚橡胶垫片予以衬垫，防止声音传导，减小震动。

## 质量验收

· GRG 材料按照国家现行标准规范要求进行验收。

· GRG 表面喷涂处理。首先进行批嵌即底漆处理，然后再喷面漆。要求成品 GRG 表面光滑，无气泡及凹陷处，色泽一致，无色差。

· 主钢架安装牢固，尺寸位置均符合要求，焊接符合设计及施工验收规范。

· GRG 吊顶表面平整，无凹陷、翘边、蜂窝、麻面现象，GRG 板接缝平整光滑。

· 允许偏差项目
主钢架水平标高（用水平管检查）：±5mm；主钢架水平位置（用水平管检查）：±5mm；GRG 板表面平整（用 2m 靠尺检查）：3mm；GRG 板接缝高低（用塞尺检查）：3mm。

· 隐蔽工程（钢结构）验收
工程的隐蔽工程至关重要。工地现场的项目管理人员必须认真熟悉施工图纸，严格检查节点的安装，做好质检记录。
工地管理人员一旦发现现场与施工图纸不一致的情况，必须及时报告设计人员做出必要的修改。
凡隐蔽节点在工地管理人员自检时发现不符合设计图纸要求的，除已出具设计变更的，必须及时同建设单位及设计单位洽商。

· GRG 板的验收
每道工序完成后班组检验员必须进行自检、互检，填写自检、互检记录表；专业质检员在班组自检、互检合格的基础上再进行核检，检验合格填写有关质量评定记录、隐蔽工程验收记录，并及时填写分部分项工程报验单，报请工程监理进行复检，复检合格后签发《分部分项工程质量认可书》。工程自检应分段、分层、分项逐一全面进行。

## 泉廊

### 简介

泉廊位于酒店一层，毗邻酒店大堂，面积 438m$^2$。拥有独立空间及私人岛屿座席，为客人的商业洽谈营造了一个安静、私密的交流空间。

### 设计

汩汩泉水掠过地面，一路蜿蜒而去，以君临天下、滋润万物的姿态从 9m 高的墙面上欢愉淌下，伴随天空云朵轻盈，让整个后花园灵动起来。手工打造的陶土造型墙，让人仿佛回到自然之中，倍感惬意。

泉廊内景

顶部花灯

## 材料

仿形罗马洞大理石、流水波浪板石材、定制陶土造型、铁艺金属艺术品造型、菠萝木防腐木地板、仿古地砖、弧形 Low-E 玻璃、金属造型吊灯等。

## 技术难点、重点、创新点分析

陶土造型墙，陶土板为宜兴手工制作造型再烧制而成。墙高达到 8.6m，造型别致，不易安装。施工不当易造成陶土造型损坏，对安装施工技术要求较高。为保护陶土造型，有效保证安装牢固可靠，便于施工，采用了专用铝合金挂件与墙面龙骨挂接，安装牢固，抗震性好。

## 陶土造型墙施工工艺

### 主要机具（工具）

电焊机、砂轮切割机、冲击电锤、手电钻、型材切割机、立式钻床、手动葫芦、游标卡尺、水准仪、经纬仪、塞尺、扭矩扳手。

陶土造型墙

### 施工工艺流程

施工准备→定位放线→安装后置埋件与转接件→安装龙骨→安装陶土板→清理保洁→验收。

**施 工 准 备**　首先要充分熟悉图纸，详细核查施工图纸和现场实测尺寸，以确保设计加工的完善，同时认真与结构图纸及其他专业图纸进行核对，发现其不相符部位，尽早采取有效措施修正。

对施工所需的工具、器具提出供应计划，具体到型号、数量、供应时间等，并将计划送交仓库、采购等部门，进行准备。

根据施工图纸及工程情况，做出详细的材料订货供应计划单，根据施工进度计划，安排好所有材料的供货时间，材料进场要按所提交的数量、规格、质量标准严格把关，并按规格分类堆码、保护。

**定位放线** 在墙上放出水平控制线与垂直控制线，再根据造型墙放样设计，结合造型墙立面变化的位置、标高及变化特点放出板块排列线。

根据放线后的现场情况，对实际施工的土建结构进行测量，对误差大、需调整的位置进行处理，然后进行下一道工序。

**安装后置埋件与转接件** 根据造型墙竖龙骨的定位放线与设计间距安装后置埋件，通过化学螺栓固定在主体结构上。化学螺栓的植入深度与螺栓的紧固程度直接影响整个造型墙的安全，通过锚栓拉拔实验来验证是否达到设计强度要求。安装完成后必须用扭矩扳手检验螺栓、螺母的拧紧力度，不小于 60N · m，并点焊固定，保证安全可靠，抽检率不少于 1/3。

根据垂直控制线确定转接件位置。施工时先将其点焊在埋件上，然后对其三维误差逐个进行检查，要求其三维空间误差为：垂直误差小于 2mm，水平误差小于 2mm，进深误差小于 3mm；检查调整合格后将其满焊固定。

安装完成的后置埋件与转接件，经检查验收合格后，对焊接位置进行防腐处理。

**安装龙骨** 竖龙骨下料完成后，根据转接件对螺栓孔进行定位，定位偏差小于 2mm，然后使用台钻钻孔。

通过不锈钢螺栓将竖龙骨与转接件连接，根据水平与垂直基准线及墙面端线，对竖龙骨位置进行调整固定，确保立柱距墙面距离及连接点处于最佳受力状态。

将横向连接（镀锌角钢）按照设计间距焊接在竖龙骨中间。

将焊缝处焊渣清理干净，再将焊缝与防腐层破坏部分涂刷防锈漆与保护面漆。

**安装陶土板** 检查陶土板、转接件、挂件等材料及易耗品数量、规格，保证满足使用；施工作业面有足够的空间，满足安装需要；脚手架清理与调整完成，满足安装要求。

将角钢连接件固定在竖龙骨上，根据面板与墙体之间的距离调整其位置；将胶条、不锈钢弹簧片及螺栓与铝挂件连接在一起，然后将铝挂件滑入陶土板自带的安装槽内，每块陶土板安装四个铝挂件。

将陶土板通过铝挂件挂在角钢连接件上，自下而上逐层安装。陶土板块初装完成后对板块进行调整，保证面板横平竖直，缝隙大小满足要求。调整完成后，将角钢连接件及铝挂件上的螺栓拧紧，保证面板的稳定。

**清理保洁** 施工完成后直接用清水清洗，局部油漆和密封胶污染处采用棉布蘸二甲苯溶剂清洗；砂浆等在接近干燥的时候，用短毛刷清理，然后用清水洗净，不可用砂纸等硬物直接打磨，以免破坏陶土板的自洁层。

**验收** 陶土造型墙施工进行全过程质量控制，验收贯穿整个施工安装过程，并按相关隐蔽工程验收要求填写验收记录。

# 洲际厅

## 简介

位于酒店一层，面积 660m²。洲际厅内部装修高端大气，造型别致，富丽堂皇之中现代美感十足。主要用作举办大型宴会，可为现代婚宴营造浪漫、时尚空间。

## 设计

金属质感装饰柱错落排列，寓意海洋律动，顶棚铝方通搭配大小不等圆形定制灯具、主光源点缀辅助光源，增加整体空间活跃氛围。墙面布艺硬包给人以柔情蜜意的感觉。

## 材料

铝方通、木纹异形铝单板、布艺硬包、墙面造型木饰面、手工枪刺地毯、法国木纹大理石等。

## 技术难点、重点、创新点分析

墙面采用大面积的木纹异形铝单板，最高达 9.05m，施工难度较大。为了保证墙面的波浪效果，要求安装精度较高，安装牢固，不得出现扭曲变形现象。墙面木纹异形铝单板在工厂定制，现场拼接安装。铝单板造型龙骨采用 80mm × 60mm × 4mm 矩形镀锌钢管，焊接成桁架，保证造型强度、刚度及安装后的安全、牢固和稳定。墙面布艺硬包易受温度变化影响而出现松弛起皱，严重影响装饰效果。同时基层板本身的收缩也会导致布艺松弛。为了避免此现象，施工中首先控制基层板含水率在 10% 以下。另外，采用玻纤板新型热熔胶基层，施工完成后，通过加热使得布黏结在基层板上，有效控制布艺松弛。

洲际厅顶面

## 工艺

### 墙面布艺硬包施工工艺

#### 施工工艺流程

基层或底板处理→吊直、套方、找规矩、弹线→粘贴面料→安装贴脸或装饰边线→修整硬包墙面。

**基层或底板处理**

在结构墙上预埋木砖抹水泥砂浆找平层。如果是直接铺贴，则应先将底板拼缝用油腻子嵌平密实，满腻子 1 ~ 2 遍，待腻子干燥后，用砂纸磨平，粘贴前基层表面刷清油一道。

布艺硬包要求基层牢固，构造合理。如果是直接装设于建筑墙体及柱体表面，为防止墙体、柱体的潮气使基面板底翘曲变形而影响装饰质量，要求基层做抹灰和防潮处理。通常的做法是采用 1 ∶ 3 的水泥砂浆抹灰做至 20mm 厚，然后刷涂冷底子油一道并做一毡二油防潮层。

木龙骨及墙板安装。在建筑墙面做布艺装饰时，采用墙筋木龙骨。墙筋龙骨一般为（20 ~ 50）mm×（40 ~ 50）mm 截面的木方条，钉于墙、柱体的预埋木砖或预埋的木楔上，木砖或木楔的间距与墙筋的排布尺寸一致，一般为 400 ~ 600mm，按设计图纸的要求进行分格或平面造型形式划分。常见形式为 450 ~ 450mm 见方。固定好墙筋之后，即铺钉夹板作基面板；然后以布艺包填塞材料覆于基面板之上，钉固于墙筋位置；最后以电化铝帽头钉按分格或其他形式的划分尺寸进行钉固。也可同时采用压条；压条的材料可为不锈钢、铜或木条，既方便施工，又可丰富立面造型。

**吊直、套方、找规矩、弹线**

根据设计图纸要求，把房间需要硬包墙面的装饰尺寸、造型等通过吊直、套方、找规矩、弹线等工序落实到墙面上。

**粘贴面料**

如采取直接铺贴法施工，待墙面细木作基本完成、边框油漆达到交活条件时，方可粘贴面料。

布艺饰面的铺钉方法主要有成卷铺装和分块固定两种形式。

成卷铺装法：由于布艺材料可成卷供应，较大面积施工时可进行成卷铺装。但需注意，布艺卷材的幅面宽度应大于横向木筋中距 50 ~ 80mm，保证基面五夹板的接缝置于墙筋上。

分块固定：先将布艺与夹板按设计要求分格，划块预裁，然后固定于木筋上。安装时，以五夹板压住布艺面层，压边 20 ~ 30mm，用圆钉钉于木筋上，然后在布艺与木夹板之间填入衬垫材料进而包覆固定。须注意的操作要点是：首先，必须保证五夹板的接缝位于墙筋中线；其次，五夹板的另一端不压布艺而是直接钉于木筋上；再次，布艺剪裁时必须大于装饰分格划块尺寸，并在下一个墙筋上剩余 20 ~ 30mm 的料头。如此，第二块五夹板又可包覆第二片革面，压于其上进而固定，照此类推，完成整个硬包面。这种做法多用于酒吧台、服务台等部位的装饰。压条法、平铺泡钉压角法等由设计确定。

**安装贴脸或装饰边线** 根据设计选定和加工好的贴脸或饰边线，按设计要求把油漆刷好（达到交活条件），便可进行饰板安装工作。经试拼达到设计要求的效果后，便可与基层固定，安装贴脸或装饰边线，最后涂刷镶边油漆成活。

**修整硬包墙面** 除尘清理，钉粘保护膜和处理胶痕。

### 质量要求

• 主控项目

硬包的面料、内衬材料及边框的材质、颜色、图案、燃烧性能等级和木材的含水率应符合设计要求及国家现行标准的有关规定。

硬包工程的安装位置及构造做法应符合设计要求。

硬包工程的龙骨、衬板、边框应安装牢固，无翘曲，拼缝应平直。

单块硬包面料不应有接缝，四周应绷压严密。

• 一般项目

硬包工程表面应平整、洁净，无凹凸不平及皱褶；图案应清晰、无色差，整体应协调美观。

硬包边框应平整、顺直、接缝吻合。其表面涂饰质量应符合相关规定。

### 施工注意事项

• 切割“海绵”填塞料时，为避免“海绵”边缘出现锯齿形，可用较大铲刀及锋利刀沿“海绵”边缘切下，以保整齐。

• 在黏结“海绵”填塞料时，避免用含腐蚀成分的胶黏剂，以免腐蚀“海绵”，造成“海绵”变薄，底部发硬，以致硬包不饱满，所以黏结“海绵”时应采用中性或其他不含腐蚀成分的胶黏剂。

• 面料裁割及黏结时，应注意花纹走向，避免花纹错乱影响美观。

• 硬包制作好后用胶黏剂或直钉将硬包固定在墙面上，水平度、垂直度达到规范要求，阴阳应对角。

• 对硬包进行修整，并进行除尘清理、钉眼和胶痕处理等。

## 木纹异形铝单板施工工艺

吊直、套方、找规矩、弹线 → 固定钢龙骨连接件 → 固定钢龙骨 → 铝单板、饰面板安装 → 收口构造。

| | |
|---|---|
| **吊直、套方、找规矩、弹线** | 首先根据设计图纸的要求和几何尺寸，对镶贴金属饰面板的墙面进行吊直、套方、找规矩并一次性实测和弹线，确定饰面墙板的尺寸和数量。 |
| **固定钢龙骨连接件** | 骨架的横竖杆件是通过连接件与结构固定的，而连接件与结构之间，可以与结构的预埋件焊牢，也可以在墙上打膨胀螺栓。因后一种方法比较灵活，尺寸误差较小，容易保证位置的准确性，因而实际施工中采用得比较多。须在螺栓位置画线，按线开孔。 |
| **固定钢龙骨** | 骨架应预先进行防腐处理。安装骨架位置要准确，结合要牢固。铝板、铝单板安装后应全面检查中心线、表面标高等。对高层建筑外墙，为了保证饰面板的安装精度，宜用经纬仪对横竖杆件进行贯通。变形缝、沉降缝等应妥善处理。 |
| **铝单板、饰面板安装** | 墙板的安装顺序是从每面墙的角部竖向第一排下部第一块板开始，自下而上安装。安装完该面墙的第一排再安装第二排。每安装铺设 10 排墙板后，应吊线检查一次，以便及时消除误差。为了保证墙面外观质量，螺栓位置必须准确，并采用单面施工的钩形螺栓固定，使螺栓的位置横平竖直。 |
| **收口构造** | 铝单板用螺钉拧到型钢上，板与板之间密封。对易被划碰的部位，设安全栏杆保护。 |

墙面铝单板造型

# 厦门万豪酒店精装修分包工程

**项目地点**

福建厦门同安区环东海域

**工程规模**

建筑面积 9870m$^2$

**开竣工时间**

2015 年 12 月 23 日 ~ 2016 年 6 月 15 日

**社会评价**

厦门万豪酒店及会议中心是典型的度假酒店，酒店位于同安区与集美区交界处。与多数度假酒店建在滨海、山野、林地、峡谷、湖泊、乡村、温泉等自然风景区附近一样，厦门万豪酒店及会议中心拥有漫长的海岸线和绚丽的海滨环境，是休闲度假的好地方。酒店的设施以及多种服务功能都着眼于休闲度假的客人。

万豪酒店

# 工程概况

厦门万豪酒店及会议中心是厦门首家万豪品牌酒店，也是万豪国际集团在福建省开设的第一家万豪品牌酒店，位于鹭岛厦门同安区环东海域西海岸。酒店以其得天独厚的地理位置，临海而建，坐拥至美海岸线。设计师充分利用自然环境，采用别具特色的天然材料和色调搭配，强调人与自然的共生关系，融合隽永的东方设计和西方的现代概念，通过设计细节诠释海景城市中的惬意感，展现中西文化交融，民俗与高雅共生，传统与现代并存，国际性与地方性共荣的文化内涵与气蕴，打造出“城在海上，海在城中”“山海相连，城景相依”的度假天堂。“小隐隐于野，大隐隐于市”，闲逸洒脱的生活不一定远涉林泉山野，在繁华都市的喧嚣中有份静地，可以让人从高楼大厦中挣脱，在喧嚣中体会意蕴悠然，找到一份宁静，放松身心，重拾活力。“面朝大海，春暖花开”，静享生活之美，在顷刻间体会永恒美好的生活方式。

万豪酒店（不含负一层及池畔吧）精装修分包工程（标段三）工程含五层至七层客房走道电梯厅及总统、副总统套房，公区为 J 区中餐厅。

# 主要功能空间

## 中餐厅散客区

### 简介

中餐厅散客区位于建筑八层，面积 520m$^2$。设有休闲区、餐饮区等，装修清新整洁，可为来酒店就餐的散客提供温馨典雅的环境。

### 设计

整体色调为原木和青灰色，顶面采用木纹转印铝板与艺术涂料结合，木纹转印铝板美观大方兼具良好的防火性，流溢着幽雅别致。植被郁郁葱葱，花卉错落环绕，“繁花丽色，占尽春风，花影妖娆各占春”，不禁有种“直须看尽洛城花，始共春风容易别”

散客休闲区

散客茶饮区

的情怀。景景相透，犹若置身庭院，令人心情放松，打造了轻松愉悦的用餐氛围。

## 材料

木纹转印铝格栅、艺术涂料、梦幻灰石材、北极光石材、实木复合地板等。

格栅吊顶

## 技术难点、重点、创新点分析

吊顶为木纹转印铝格栅和艺术涂料。铝格栅通常为单根安装，不但费时费力，而且安装后易产生安装不齐、封口粗糙和变形等问题。为避免以上问题，在格栅周边设置了边框，铝格栅在工厂内加工制作后，组装成为整体，加工精度高，便于安装，不易变形，尺寸精确，观感好。环保艺术涂料具有装饰性好、色彩层次鲜明、艺术表现形式多样、防水耐擦洗、使用寿命长等优点，不会有变黄、褪色、开裂、起泡、发霉等问题，但对施工人员的技术要求较高。需按做高档内墙漆的标准做好腻子底，应坚固、平整、干净，无灰尘、油腻、蜡等以及其他碎屑物质；基面孔隙、裂缝、不平等缺陷须预先用水泥砂浆修补抹平；阴阳角处应抹成圆弧形（或 V 字形）；用机械打磨工具，铲除凸起部位；待其彻底干燥后，批刮底层腻子。为提高腻子与墙体的黏结力，要保证基底的致密性与结实性。

## 工艺

### 木纹转印铝格栅施工工艺流程

弹线→固定吊挂杆件→轻钢龙骨安装→铝格栅组装→格栅安装。

**弹　　线**　用水准仪在房间内每个墙（柱）角上抄出水平点（若墙体较长，中间也应适当抄几个点），弹出水准线（水准线距地面一般为 500mm），从水准线量至吊顶设计高度，用粉线沿墙（柱）弹出水准线，即为吊顶格栅的下皮线。同时，按吊顶平面图，在混凝土顶板弹出主龙骨的位置。主龙骨应从吊顶中心向两边分，最大间距为 1000mm，并标出吊杆的固定点，吊杆的固定点间距 900 ~ 1000mm。如遇到梁和管道固定点大于设计和规程要求，应增加吊杆的固定点。

**固定吊挂杆件**　采用膨胀螺栓固定吊挂杆件。可以采用 $\phi$6 的吊杆。吊杆可以采用冷拔钢筋和盘圆钢筋，但采用盘圆钢筋应采用机械将其拉直。吊杆的一端同 ∟30×30×3 角码焊接（角码的孔径应根据吊杆和膨胀螺栓的直径确定），另一端可以用攻丝套出大于 100mm 的丝杆，也可以买成品丝杆焊接。制作好的吊杆应做防锈处理，吊杆用膨胀螺栓固定在楼板上；用冲击电锤打孔，孔径应稍大于膨胀螺栓的直径。

**轻钢龙骨安装**　轻钢龙骨应吊挂在吊杆上（如吊顶较低可以省略掉本工序）。一般采用 38 轻钢龙骨，间距 900 ~ 1000mm。轻钢龙骨应平行房间长向安装，同时应起拱，起拱高度为房间跨度的 1/300 ~ 1/200。轻钢龙骨的悬臂段不应大于 300mm，否则应增加吊杆。主龙骨的接长应采取对接，相邻龙骨的对接接头要相互错开。轻钢龙骨挂好后应基本调平。

跨度大于15m以上的吊顶，应在主龙骨上每隔15m加一道大龙骨，并垂直主龙骨焊接牢固。

**铝格栅组装** 采用专用角片将铝格栅边框与格栅组装在一起，调整平整度和外形尺寸。

**格栅安装** 将预装好的格栅顶棚用吊钩穿在边框龙骨孔内吊起，将整个铝合金格栅的顶棚连接后，调整至水平。

### 艺术涂料施工工艺

基底处理→面漆底色→面漆造型。

**基底处理** 按做高档内墙漆的标准做好腻子底。底材要求坚固、平整、干净，无灰尘、油腻、蜡等以及其他碎屑物质。

基面有孔隙、裂缝、不平等缺陷的，须预先用水泥砂浆修补抹平；阴阳角处应抹成圆弧形（或V字形）。

用机械打磨工具，铲除凸起部位；待其彻底干燥后，批刮底层腻子。主要目的是提高腻子与墙体的黏结力，要保证基底的致密性与结实性。

批荡好腻子后用砂纸打磨平整（要有较高的平整度）。

艺术涂料区别于传统涂料的最大不同就是色彩和造型，因此在施工过程中不仅要有个性，更要使其与造型整体协调。

**面漆底色** 根据整体色彩搭配，先上两道有色乳胶漆做底色，两道相隔时间为12～24h，干燥后再做艺术漆造型。

**面漆造型** 面漆造型在施工中使用的工具、方法不一样。本工程采用喷涂法。

使用专用喷枪（喷嘴直径为2.5～3.5mm，空气压力泵输出压力为0.05～0.1MPa）进行喷涂，施工时喷枪距离墙面60～80cm。

注意喷大粒子时不要加水稀释艺术涂料，喷小粒子时加水不得超过3%。

## 中餐厅八人包房

### 简介

中餐厅八人包房位于酒店八层，面积65m$^2$，为全海景私房菜和私享会所，设有用餐区、会客区、卫生间和配菜间等。装修高雅静谧，为宾客带来尊贵的用餐享受。

包房内景

## 设计

电视背景墙采用暗藏式设计，外罩浅黄色木饰面错拼推拉门，推拉门上部通过吊轮吊挂在上部铝合金轨道内，下部通过导向轮与下轨道相接，既有保护电视的实用功能，又不失整体美观，给人别有洞天的视觉感受。在曼妙夜晚，透过视野开阔无遮拦的玻璃窗，海洋美景一览无遗，观海上明月，慢品一杯，放空心灵。为了提升用户体验，设计师为室内做了丰富的配饰处理，艺术品与配件营造了奢华氛围。

## 材料

板岩直纹木饰面、浅黄色木饰面、昆仑玉山水纹、鱼肚白、清水玉、亚麻色壁纸、艺术吊灯等。

## 技术难点、重点、创新点分析

会客区背景外罩板岩直纹木饰面格栅，由于层间高度较高（3m），稳定性不易保证。为增加稳定性，在靠近上下部位设置了 2 道横梁。横梁位置与电视背景墙上下边框对齐，协调美观。上部与吊顶内钢架连接固定，下部插入地面插芯，杆件为简支梁，受力理想。格栅底部做暗藏灯带，光线直射墙面，柔和惬意。

## 岩直纹木饰面格栅施工工艺

### 施工准备

• 材料要求

木材的树种、材质等级、规格应符合设计图纸要求及有关施工与验收规范的规定。

包房窗景

包房客厅背景墙

木格栅

面板颜色、花纹要尽量相似。用原木材做面板时，含水率不大于 12%，且要求纹理顺直、颜色均匀、花纹近似，不得有节疤、裂缝、扭曲、变色等。

· 辅料

防潮卷材：油纸、油毡，也可用防潮涂料。

胶黏剂、防腐剂：乳胶、氟化钠（纯度应在 75% 以上，不含游离氟化氢和石油沥青）。

钉子：长度规格应是面板厚度的 2 ~ 2.5 倍，也可用射钉。

· 主要机具

电动机具：小台锯、小台刨、手电钻、射枪。

手持工具：木刨子（大、中、小）、槽刨、木锯、细齿、刀锯、斧子、锤子、平铲、冲子、螺丝刀、方尺、割角尺、小钢尺、靠尺板、线坠、墨斗等。

· 作业条件

安装木格栅处的结构面或基层面应预埋好铁件。

在使用前安装好施工机具设备，接通电源，并进行试运转。

**施工工艺流程**

画线定位→核查预埋件→安装木格栅。

**画线定位** 木格栅安装前，应根据设计图要求，找好标高、平面位置、竖向尺寸进行弹线。

**核查预埋件** 弹线后检查预埋件是否符合设计及安装的要求，主要检查排列间距、尺寸、位置是否满足钉装龙骨的要求。

**安装木格栅** 木格栅选色配纹。全部进场的木格栅，使用前按同房间、临近部位的用量进行挑选，使安装后木纹、颜色近似一致。

木格栅安装前，对连接件位置、木格栅平直度等进行检查，合格后进行安装。

进行试装，木纹方向、颜色观感好的情况下，才能进行正式安装。

安装时要用整体吊装方法，把木格栅骨架整体弄到标高线以上，同顶棚上的吊件连接，全部吊件与格栅骨架连接好后，通过调整吊件的长度对格栅面找平，把格栅骨架调整到与控制线平齐。

木格栅装完后，还要进行饰面的清油涂刷。

## 总统套房办公区

**简介**

总统套房位于酒店六层，其中办公区面积为 95m$^2$，为领导人办公、举行幕僚会议的场所。办公区域墙面装修主要采用木饰面和石材搭配。

办公区

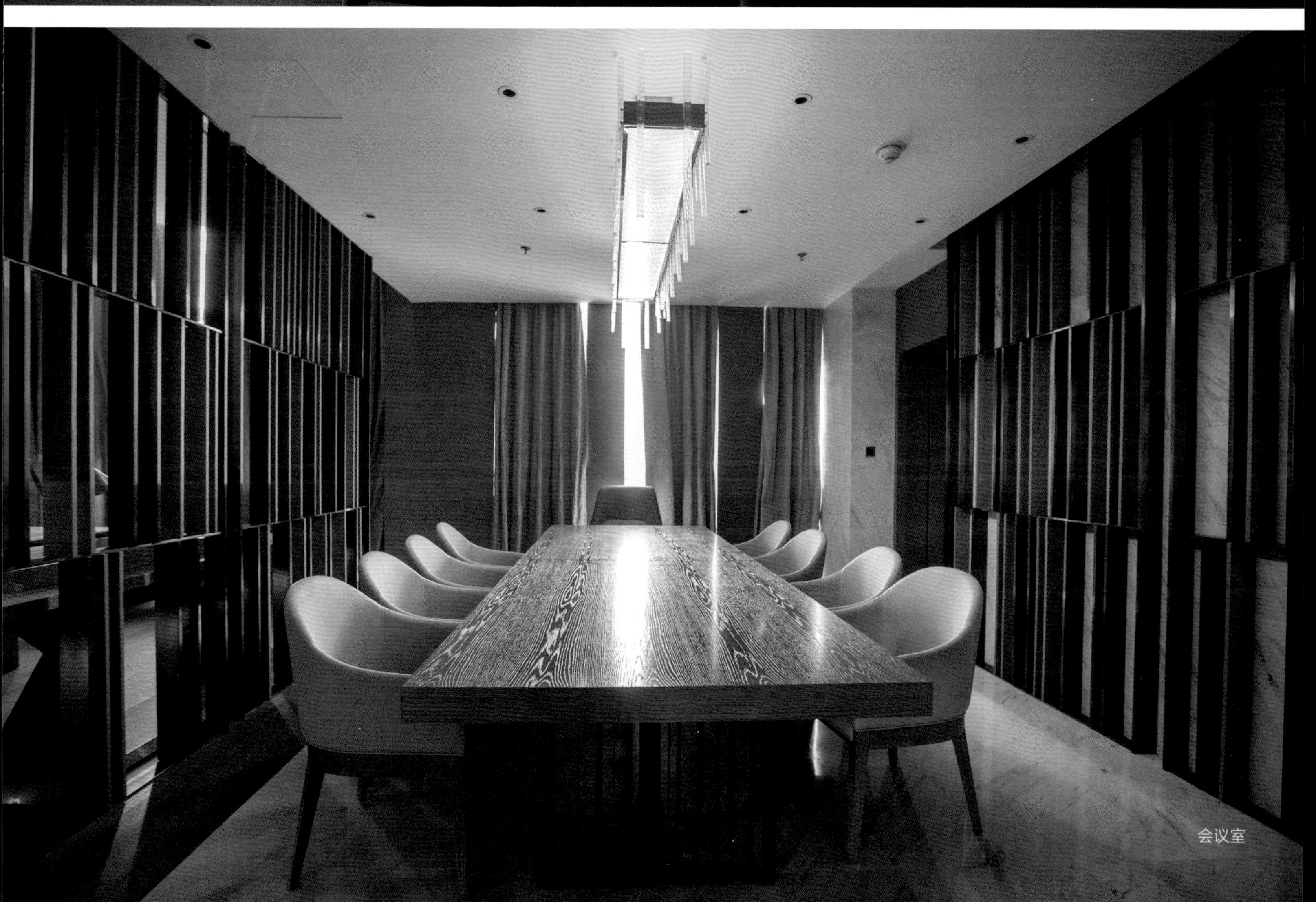
会议室

## 设计

总统套房办公区域主要分为两部分，一是办公区，二是会议区，由中间一道饰面与黑钢格栅分开。办公区域地面为实木地板，会议区域地面为白金砂石材满铺，实木家具，真皮座椅，极具奢华感。墙面通过石材、金属和木饰面的有机结合，空间既有层次又不失现代感。长条形水晶吊灯彰显沉稳凝重。

## 材料

橡木山纹饰面、白金砂石材、拉丝灰钢装饰条、实木地板、长条水晶吊灯等。

## 技术难点、重点、创新点分析

会议区一侧墙面采用干挂白金砂石材，竖向点缀长条形拉丝灰钢装饰条和木饰面装饰条。要求拉丝灰钢装饰条和木饰面装饰条与石材面板黏结牢固，安装平整顺直。为保证黏结质量，采用了环氧树脂胶，黏结牢固可靠，装饰条安装平整，通直顺畅。考虑工程靠近海边，墙面石材龙骨采用热浸镀锌钢龙骨，镀锌层厚度达到了65μm，T形挂件采用304不锈钢，增强了材料的耐腐蚀性能。T形挂件插入石材槽内，内部打环氧树脂胶，连接安全可靠，抗震性能好。

## 干挂白金砂石材施工工艺

### 施工准备

· 技术准备
编制室内干挂石材饰面板装饰工程施工方案，并对工人进行书面技术及安全交底。

· 材料准备
石材：根据设计要求，确定石材的品种、颜色、花纹和尺寸规格，并严格控制、检查其抗折、抗拉及抗压强度、吸水率等性能。
合成树脂胶黏剂：用于粘贴石材背面的柔性背衬材料，应具有防水和耐老化性能。
干挂石材挂件与石材间用双组分环氧型胶黏剂黏结，固化为快固型。
不锈钢紧固件、连接铁件应按同一种类构件的5%进行抽样检查，且每种构件不少于5件。配套的铁垫板、垫圈、螺母及与骨架固定的各种设计和安装所需要的连接件，质量必须符合要求。

· 主要机具

台钻、无齿切割锯、冲击钻、手电钻、力矩扳手、开口扳手、长卷尺、盒尺、锤子、靠尺、水平尺、方尺、多用刀、剪子、铅丝、弹线用的粉线包、墨斗、小白线、笤帚、铁锹、开刀、灰槽、灰桶、工具袋、手套、红铅笔等。

· 作业条件

石材的质量、规格、品种、数量、力学性能和物理性能符合设计要求，并进行表面处理工作。同时应符合现行行业标准。

水电及设备、墙上预留预埋件已安装完。垂直运输机具已准备好。

对施工人员进行技术交底时，应强调技术措施、质量要求和成品保护，大面积施工前应先做样板，经质检部门鉴定合格，方可组织班组施工。

安装系统隐蔽项目已经验收。

**施工工艺流程**

安装钢龙骨→弹线分块→大理石饰面板修边开槽→黏结装饰条。

**安装钢龙骨**　按照石材板块尺寸安装钢龙骨。钢龙骨应具有一定的强度和刚度，质量应符合国家现有的施工及验收规范。

**弹线分块**　按照设计图纸进行放样排模，将排好的模数交于设计师、业主审核，大理石按放样排板模数要求规格订货，并按要求进行切割、钻孔、剔槽、倒角、磨边等加工，试排以确保接缝均匀，符合图案要求。

**大理石饰面板修边开槽**　每块板上下两面各打开 2 个槽口，宽度不小于 7 mm，深度不小于 12mm。

试镶装合适后，需在板孔内灌胶黏剂再插入挂件锚固。饰面板上下左右各端相邻块面，须接缝严密，缝宽 1mm，每层板镶挂完毕，用直尺找垂直，水平尺找平整，方尺找阴阳角，缝隙需均匀，上口平直，角方正，表面平整后再做上层。最后擦缝清洁、抛光、打蜡、擦亮。

**黏结装饰条**　在石材面板上划装饰条位置线，在装饰条与石材黏结的一侧涂环氧树脂胶，黏结在石材表面。

# 青岛八大关宾馆修缮装修工程

**项目地点**

山东青岛市市南区山海关路 19 号

**工程规模**

建筑面积 5000m$^2$

**开竣工日期**

2015 年 11 月 1 日 ~ 2016 年 1 月 1 日

宾馆外观

# 工程简介

八大关宾馆由主楼、迎宾楼、贵宾楼和 18 幢日、俄、德、美等式别墅楼组成。宾馆有总统套房、豪华套房、标准间等 300 余间 ( 套 )，宴会厅、多功能厅、酒吧、四季厅 20 余处。会议中心是集音乐厅、餐饮、会务于一体的服务场所，配有先进的同声传译和声像设备。宾馆有康乐设施、室内游泳池、保龄球、网球场、桑拿浴、天然海水浴场、娱乐城，另有商场、花店、商务中心等。

# 主要功能空间

## 大堂

### 简介

大堂位于建筑一层，面积 1159m$^2$，设有总服务台、休息室、宣传资料设施等。

### 设计

大堂以双视角给空间以连贯，给宾客以自然安宁与丰盛宫廷的双重体验。一面可清楚明了地看见前台接待处，一面可环顾一楼、二楼的整体造型设计。设计师为酒店大堂设计了一款带有地拼图案的浅黄色大理石，配合金色灯池，整个空间营造了一种大气典雅的氛围。一系列精心挑选出来的当代艺术品和特色灯具，共同为四周的墙壁带来活力。

### 材料

地面莎安娜米黄石材，顶面局部金箔漆饰面，背景墙为天然贝雕。风口采用拉丝不锈钢造型风口。

### 技术难点、重点、创新点分析

大堂楼梯踏步呈扇贝形层叠分布，整体圆润精致，竖向排列为间隔 150mm 的同心圆弧，以两侧上升楼梯踏步完成面中间分隔线为基线，向圆心放线排列；竖向错缝拼接，向两侧展开，因采用统一规格标准板，所错开的缝隙规则错落分布，这正是设计所要求的效果。因现场面积较小，考虑采用九厘板按现场尺寸

宾馆大堂入口

加工成大样模板，根据模板描线可以有效减少放线的工作量，且操作简单。

现场以楼梯墙体中心点为中心线进行放线布置。因圆心点已超出参考墙体以外，故采用弦上等距碎步点法，即确定圆弧的弦，然后等距划分，经每点做与弦垂直的线，延伸与弧线相交，画出交点，然后将交点连接画出所放弧线。

大堂中央地面石材为直径近 5m 的圆形拼花图案，要求拼接密实，弧度顺滑，弧形拼花石材要求完整无断裂。由于弧形拼花石材宽度较小，铺贴时易产生断裂。弧形石材采用水刀切割，有效控制了石材的加工尺寸误差，确保弧形石材拼接紧密。石材要求背网采用石材背胶粘接，保证了石材的强度，有效避免了断裂，同时控制石材空鼓。

### 大理石拼花地面铺贴施工工艺

先将石板块背面刷干净，石材做六面防护处理，铺贴时保持湿润。

金箔吊顶

根据水平线、中心线（十字线）按预排编号铺好每一开间及走廊左右两侧标准行（封路）后，再进行拉线铺贴。

铺贴前应先处理地面基层，必须坚实清洁（无油污、浮浆、残灰等），并浇水湿润，再刷素水泥浆（水灰比为 0.5 左右）。水泥浆应随刷随铺砂浆，不得有风干现象。

铺干硬性水泥砂浆（一般配合比为 1 ：3，以湿润松散、手握成团不泌水为准，找平层虚铺厚度以 25 ~ 30mm 为宜，放上石板时高出预定完成面 3 ~ 4mm 为宜），用铁抹子（灰匙）拍实抹平然后进行石板预铺，并应对准纵横缝，用木槌敲击板中部，振实砂浆至铺设高度后，将石板掀起，检查砂浆表面与石板底吻合后（如有空虚处，应用砂浆填补），在砂浆表面先用喷壶适量洒水，均匀撒一层水泥粉，把石板块对准铺贴，铺贴时四角要同时着落，再用木槌着力敲击至平正。

铺贴顺序应从大理石拼花中心向外铺贴。缝隙宽度如设计没有要求时，大理石不应大于 1mm。

铺贴完成 24h 后，经检查石板块表面无断裂、空鼓后用稀水泥（颜色与石板块调和）刷缝填饱满，并随即用干布擦净至无残灰、污迹为止，铺好石板块 2d 内禁止行人和堆放物品。

### 金箔吊顶施工工艺

基层处理→封底漆→上清漆→涂胶→贴金箔→喷涂保护层。

**基 层 处 理**　贴金银箔的基层一定要平滑、洁白、干燥、牢固，达到乳胶漆的基层要求。

**封 底 漆** 在干燥、平滑、牢固的基层上采用专用底漆封底。在底涂封闭后进行底漆喷涂（两遍），干燥后砂纸磨平。

**上 清 漆** 封一遍照面清漆，防止金银箔受潮返底。

**涂 胶** 待基层底涂完成后开始刷涂金银箔专用胶水，达到均匀、易吸收的要求。

**贴 金 箔** 待金银箔胶水干固后开始贴金箔。

**喷涂保护层** 金银箔整体贴面完成后，开始进行肌理造型处理，完成饰面效果；在处理后的金银箔界面上，喷洒一遍保护面层，然后进行必要的面层处理，光滑、平整后喷涂保护层。

## 行政套房

### 简介

行政套房位于建筑五层，面积 58.5m$^2$，设有卧室、起居室、卫生间和更衣间。可为高端客户提供优质、舒适的住宿条件。

### 设计

酒店的套房主打现代中式的风格，亦不失精致温煦。最具特色的是卫生间大面积浅黄石纹大理石瓷砖贴面，使原本呆板的卫浴空间变得极为艺术而前卫，空间上也更加开敞便利。暖黄系为主的色彩搭配，点缀紫灰色简欧休闲沙发，在温暖安定的整体氛围中更添一丝艺术气息。灯光设计用隐藏在顶棚、墙角内的各种间接灯光，让空间独具匠心、低调优雅。

### 材料

地面高档地毯，卫生间地面拼花大理石，顶面石膏板，墙面干挂石材，实木门等。

### 技术难点、重点、创新点分析

卧室和起居室采用高档地毯，要求地毯铺贴质量高。地毯是家庭装修过程中经常用到的一种地面装饰材料。地毯的吸声能力很好，能够有效降低噪声；弹性也很好，脚踩上去，很柔软、很舒服。

现场以楼梯墙体中心点为中心线进行放线布置。因圆心点已超出参考墙体以外，故采用弦上等距碎步点法，即确定圆弧的弦，然后等距划分，经每点作与弦垂直的线，延伸与弧线相交，画出交点，然后将交点连接画出所放弧线。

大堂中央地面石材为直径近 5m 的圆形拼花图案，要求拼接密实，弧度顺滑，弧形拼花石材要求完整无断裂。由于弧形拼花石材宽度较小，铺贴时易产生断裂，因此采用水刀切割，有效控制了石材的加工尺寸，确保弧形石材拼接紧密。石材要求背网采用石材背胶黏结，保证了石材的强度，有效避免了断裂，同时控制了石材空鼓。

卧室

起居室

卫生间

## 地毯铺贴施工工艺

基层处理→弹线、套方、分格、定位→地毯剪裁→钉倒刺板挂毯条→铺设地毯→细部处理、清理。

**基层处理** 铺设地毯的基层进行自流平处理，要求表面平整、光滑、洁净。具有一定的强度，含水率不大于 8%，表面平整偏差不大于 4mm。

**弹线、套方、分格、定位** 按照设计图纸对各个不同部位和房间进行弹线、套方、分格，严格按图施工。

**地毯剪裁** 精确测量房间尺寸，并按房间和所用地毯型号逐一登记编号。然后根据房间尺寸、形状用裁边机断下地毯料，每段地毯的长度要比房间长出 50mm 左右，宽度要以裁去地毯边缘线后的尺寸计算。弹线裁去边缘部分，然后以手推裁刀从毯背裁切，裁好后卷成卷、编上号。

**钉倒刺板挂毯条** 沿房间或走道四周踢脚板边缘，用高强水泥钉将倒刺板钉在基层上（钉朝向墙的方向），间距约 1000mm。倒刺板应离开踢脚板面 8 ~ 10mm，以便于钉牢。

**铺设地毯** 位伸与固定地毯：先将毯的一条长边固定在倒刺板上，毛边掩到踢脚板下，用地毯撑子拉伸地毯。拉伸时，用手压住地毯撑，用膝撞击地毯撑，从一边一步一步推向另一边。如一遍未能拉平，应重复拉伸，直至拉平为止。然后将地毯固定在另一条倒刺板上，掩好毛边。长出的地毯用裁割刀割掉。一个方向拉伸完毕，再进行另一个方向的拉伸，直至四个边都固定在倒刺板上。

**细部处理、清　　理**

铺粘地毯时，先在房间一边涂刷胶黏剂，铺放已预先裁割的地毯，然后用地毯撑子向两边撑拉；再沿墙边刷两条胶黏剂，将地毯压平掩边。

要注意门口压条的处理和门框、走道与门厅，地面与管根、暖气罩、槽盒，走道与卫生间门槛，楼梯踏步与过道平台，内门与外门，不同颜色地毯交接处和踢脚板等部位地毯的套割与固定及掩边工作，必须黏结牢固，不应有显露、后找补条等破活。地毯铺设完毕，固定收口条后，应用吸尘器清扫干净，并将毯面上脱落的绒毛等彻底清理干净。

## 会见厅

### 简介

作为举行高级会谈的场所，适合于举行各类高端会晤、接待高级人士的来访，高端大气。

### 设计

定制的艺术山水画，简洁实用的家具搭配，柔软温馨的室内氛围，室内冰冷严肃的混凝土及石材表面得以全面改变。吊顶的灯光设计尤为突出，从外向内，柔和明亮，照亮了整个大厅。颜色和材料巧妙定义了空间，使整体的空间层次更加丰富。

会见厅内景

## 材料

轻钢龙骨石膏板乳胶漆饰面，造型内采用金箔漆饰面，局部采用阻燃板基层透光石饰面；墙面轻钢龙骨基层封 18mm 阻燃板，面层采用红胡桃木饰面；墙面轻钢龙骨基层，封 12mm 防水石膏板，刮腻子、贴壁纸等。

## 技术难点、重点、创新点分析

吊顶中央为弧形跌级，施工质量要求高，制作工艺复杂，如果处理不当，吊顶极易出现开裂现象。为了增加弧形吊顶部分的强度，采用拉弯弧形镀锌型钢作为钢架，增强吊顶的支撑强度。不同跌级的弧形型钢之间采用连接件焊接成为一体，增加了吊顶的整体强度和刚度，有效防止了吊顶的变形开裂。

## 跌级弧形石膏板吊顶施工工艺

**抄平、放线** 根据现场提供的标高控制点，按施工图纸各区域的标高，首先在墙面、柱面上弹出标高控制线，一般以 ±0.000 以上 1.40m 左右为宜，抄平最好采用水平仪等仪器，在水平仪抄出大多数点后，其余位置可采用水管抄标高。要求水平线、标高一致、准确。

**排板、分线** 根据实际测到的各房间尺寸，按市场采购的板材情况，进行各房间的纸面石膏板排板（包括龙骨排板布置），绘制排板平面图，尽量保证板材少切割、龙骨易于安装。然后依据实际排板情况，在楼板底弹出主龙骨位置线，便于吊筋安装，保证龙骨安装成直线、吊筋安装垂直。

注意事项：龙骨排板布置应充分考虑天棚造型、灯具安装、空调孔等位置，主龙骨应尽量错开这些位置；二层板安装时，其长边所形成的接缝应与第一层板的长边缝错开，至少错开 300mm。其短边所形成的板缝，也要与第一层板的短边错开，相互错开的距离至少是相邻两根次龙骨的中距。大型灯盘、孔洞等周边，应重点考虑龙骨排板布置加固。

**安装边龙骨** 根据抄出的标高控制线以及图纸标高要求，在四周墙体、柱体上铺钉边龙骨，以便控制天棚龙骨安装。边龙骨安装要求牢固、顺直，标高位置准确，安装完毕应复核标高位置是否正确。

**吊 筋 安 装** 上人吊顶吊筋采用 $\phi$10 吊筋，非上人吊顶采用 $\phi$8 吊筋，吊筋间距控制在 1200mm 以内，吊筋下端套丝，吊筋焊接一般采用双面间焊。

**安装主龙骨** 在吊顶内消防、空调、强电、弱电等管道安装基本就绪后进行主龙骨安装。双层纸面石膏板吊顶主龙骨宜选用 US60 型，保证基层骨架的刚度。

相邻两根主龙骨接头位置应错开，错开以 1200mm 为宜；相邻主龙骨应背向安装，相邻主龙骨挂件应采用一正一反安装，防止龙骨倾覆；龙骨连接应采用专用连接件，并用螺栓锁紧；主龙骨中距 1000 ~ 1100mm。

在大型灯盘、孔洞等位置，除灯盘需使用专用吊筋外，还应按排板要求做好主龙骨的加固措施。

主龙骨安装应拉线进行龙骨粗平工作，房间面积较大时（面积大于 20m$^2$），主龙骨安装应起拱（短向长的 1/200），调整好水平后应立即拧紧主挂件的螺栓，并按照龙骨排板图在龙骨下端弹出次龙骨位置线。

注意事项：主龙骨端头距墙柱周边预留 5 ~ 10mm 空隙，最靠边的主龙骨距墙柱等周边距离不超过 300mm。

**安装次龙骨、横撑龙骨**

按照龙骨布置排板图安装次龙骨，次龙骨安装完毕安装横撑龙骨，次龙骨安装时要求相邻次龙骨接头错开，接头位置不能在一条直线上，防止石膏板安装后吊顶下塌。

横撑龙骨安装要求位于纸面石膏板的长边接缝处，横撑龙骨下料尺寸一定要准确，确保横撑龙骨与次龙骨连接紧密、牢固。

一般南方地区或潮湿地区次龙骨间距宜为 300mm，其他地区次龙骨间距不大于 600mm。

次龙骨和横撑龙骨安装后应进行吊顶龙骨精平，拉通线进行检查、调整，房间尺寸过大时，为防止通线下坠，宜在房间内适当增加标高标志杆，保证通线水平准确。

次龙骨与主龙骨、次龙骨之间以及次龙骨与横撑龙骨连接应采用专用连接件，并保证连接牢固、紧密。

注意事项：在大型灯盘、孔洞周边应现场放线，确定位置后，大型灯盘加专用吊筋，并按照龙骨排板图在其周边加横撑龙骨。

**安装基层纸面石膏板**

纸面石膏板可用自攻螺钉与龙骨固定，钉头应嵌入板面 0.5 ~ 1.00mm，以不损坏纸面为宜，自攻螺钉用 M3.5×25，自攻螺钉与板面应垂直，弯曲、变形的螺钉应剔除，并在相隔 50mm 的部位另安螺钉。自攻螺钉钉距 150~170mm，自攻螺钉与纸面石膏板板边的距离：面纸包封的板边以 10~15mm 为宜，切割的板边以 15 ~ 20mm 为宜。

纸面石膏板安装接缝应错开，接缝位置必须落在次龙骨或横撑龙骨上，安装时应从板的中间向板的四边固定，不得多点同时作业，安装应在板面无应力状态下进行。

纸面石膏板安装板面之间应留缝 3 ~ 5 mm，要求缝隙宽窄一致（可采用三层板或五层板间隔）。板面切割应划穿纸面及石膏，石膏板边成粉碎状禁止使用。纸面石膏板与墙柱等周边留 5mm 间隙。

**安装面层纸面石膏板**

同第一层纸面石膏板安装。自攻螺钉用 ST3.5×35。

但应注意面层板与基层板的接缝应错开，不能在同一根龙骨上接缝。接缝位置应落在次龙骨或横撑龙骨上。

**点防锈漆、补缝、粘贴专用纸带**

纸面石膏板安装完毕，自攻螺钉应进行防锈处理（防锈漆最好采用银灰色），并用腻子找平。纸面石膏板之间的接缝采用专用补缝膏填补（分三次进行），要求填补密实平整。待补缝膏干燥后，粘贴专用贴缝带。

# 兴业银行青岛分行装饰装修工程

**项目地点**

山东青岛市崂山区同安路 886 号

**工程规模**

建筑面积 14210m$^2$

**开竣工日期**

2015 年 10 月 30 日 ~ 2016 年 6 月 10 日

银行外观

大堂内景

# 工程概况

兴业银行青岛分行项目位于崂山海尔路东、深圳路西、同安路北，是兴业银行青岛市分行的总部所在地。总装修面积达到 25380m$^2$，装修范围是一至九层、十六至二十层，一层为办公大厅及营业网点，二层为办公大厅及办公室，三层为机房及监控室，四层为会议中心，五层、六层为办公区，七层为餐厅，八层、九层为出租层，十六层为艺术馆，十七层是私人银行及职工之家，十八、十九层为办公区，二十层为行长室及会议室。

# 主要功能空间

## 大堂

### 简介

大堂位于建筑一层，面积 372m$^2$。设有总服务台、 大堂副经理办公桌、休息座、旋转楼梯、宣传资料设施等。大堂宽敞典雅，设有水帘景观，给客人留下美好的第一印象。

### 设计

在大堂空间的处理上，设计师以简约、现代的设计手法，致力于体现实用、现代、环保的人性化设计理念。在空间色彩上运用米黄色，具有大气、耐磨、易清洁的特性，同时还能给人高贵、典雅、庄重的感觉。主墙面的石材山水画，气势磅礴，冲击力强。

### 材料

意大利木纹石、铝单板、集成带、钢结构旋转楼梯等。

大堂内景

## 技术难点、重点、创新点分析

大堂的墙面、地面大面积采用意大利木纹石。木纹石较其他种类的天然石材，尤其是作为地面石材，更易出现以下问题：不易抛光，容易变色，使用中的木纹石颜色会出现由浅变深、由深变黄等类似现象，木纹石缝隙拼接处，容易出现污染、变色、返碱等问题。另外，木纹石对石材的排板要求很高，要求纹路顺畅一致。为保证安装后的效果，对加工后的石材进行了两次排板，以调整石材色差自然过渡，并对石材进行编号处理，保证安装后的石材纹路通顺。

大堂内设有钢结构旋转楼梯，该楼梯为空间螺旋形状，不易加工，对楼梯的加工质量要求较高。采用工厂加工、现场组装的方式进行施工。选择经验丰富的专业旋转楼梯加工厂，按照设计图纸采用专门设备进行钢材弯弧加工，分段组合焊接，然后运至安装现场，进行总体拼装焊接，保证加工和安装质量。

## 工艺

### 木纹石材地面铺贴施工工艺

#### 施工准备

・材料
水泥：普通硅酸盐水泥
矿物颜料：颜色与饰面板协调（与白水泥配合擦缝用）
砂子：中、粗砂
石材板：规格、品种、颜色、花样按设计规定选择，意大利木纹石。

・作业条件
做好墙柱面、天棚、吊顶及楼地面的保护层。
门框和楼地面水电设备管线等施工完毕并经检查合格。
四周墙身弹好 +100cm 的水平墨线、各开间中心线（十字线）及花样品种分隔线。
按配花、品种挑选，尺寸基本一致，色彩均匀，纹理通顺，进行预编号，分类存放，待铺贴时按号取用，必要时可绘制铺贴大样图，再按大样图铺贴。分块排列要求对称，厅、房与走道连通处，缝子应贯通；走道、厅房如用不同颜色、花样时，分色线应设在门口内侧。

### 施工工艺流程

清扫整理基层地面→水泥砂浆找平→定标高、弹线→选料→板材浸水湿润→安装标准块→摊铺水泥砂浆→铺贴石材→灌缝→清洁→养护交工。

先将石板块背面刷干净，石材做六面防护处理，铺贴时保持湿润。
根据水平线、中心线（十字线），按预排编号铺好每一开间及走廊左右两侧标准行（封路）后，再拉线铺贴。
铺贴前应先将地面基层处理，必须坚实清洁（无油污、浮浆、残灰等），并浇水湿润，再刷素水泥浆（水灰比为 0.5 左右）。水泥浆应随刷随铺，不得有风干现象。
铺干硬性水泥砂浆。一般配合比为 1 ： 3，以湿润松散、手握成团不泌水为准，找平层虚铺厚度以 25 ~ 30mm 为宜，放上石板时高出预定完成面约 3 ~ 4mm 为宜。用铁抹子（灰匙）拍实抹平，然后进行石板预铺，并应对准纵横缝，用木槌着力敲击板中部，振实砂浆至铺设高度后，将石板掀起，检查砂浆表面与石板底部吻合度（如有空虚处，应用砂浆填补）。在砂浆表面先用喷壶适量洒水，均匀撒一层水泥粉，把石板块对准铺贴，铺贴时四角要同时着地，再用木槌着力敲击至平正。
铺贴顺序应从里向外逐行挂线铺贴，如设计没有要求时，花岗石缝隙宽度不应大于 1mm。
铺贴完成 24h 后，经检查石板块表面无断裂、空鼓后用稀水泥（颜色与石板块调和）刷缝填满，并随即用干布擦净至无残灰、污迹为止，铺好石板块两天内禁止行人和堆放物品。
镶贴踢脚板。镶贴前先将石板块刷水湿润，阳角接口板要割成 45° 角，并将基层浇水湿透，均匀磨擦素水泥浆，边刷边贴。在墙两端先各镶贴一块踢脚线，其上口高度应在同一水平线内，突出墙面的厚度应一致，然后沿两埠踢脚板上楞拉通线，用 1 ： 2 水泥砂浆逐块依顺序镶贴踢脚板。镶贴时，应检查踢脚板的平顺和垂直，板间接缝应与地面缝贯通（对缝），擦缝做法同地面。

## 旋转楼梯制作工艺

### 施工准备

施工设备：电焊机、卷板机、气焊设备、锯床、火焰切割机、弯弧机、砂轮切割机、角线磨光机、烘箱、保温桶、台钻。

### 施工工艺流程

钢板拼接、下料→卷板→楼梯踏步制作→楼梯柱、楼梯梁制作→楼梯预拼装→质量检验。

旋转楼梯

**钢板拼接、下料** 型钢拼接采用斜接，拼接长度不得小于600mm，腹板坡口与翼板相同，拼接质量为全熔透一级。

弧形梯梁翼板按设计尺寸放样，展开成弧形。尺寸计算及展开按照设计图纸。

焊接H型钢梯柱、直段梯梁翼、腹板、弧形段梯梁腹板采用SKG-JQ9数控多头直条火焰切割机下料；弧形段梯梁翼板、楼梯踏步板采用SKG-B数控火焰切割机编程下料，型钢采用BS1000锯床或JG-400无齿锯锯切，小件用半自动火焰切割机切割；螺栓孔利用数控平面钻、摇臂钻进行钻孔；坡口采用半自动火焰切割机切割。梯柱、梯梁腹板与翼板组对坡口焊接。

**卷　　板** 卷制弧形梯梁腹板用W11-30三辊对称卷板机。卷制前先在梯梁腹板上画出与地面垂直的踏步线，并在端头、端尾留出250mm打头量，然后调整好卷板机上下辊的平行度，在下辊子上划出中线，下辊子上的中线与梯梁腹板上垂直地面的踏步线平行。同时在卷制过程中，用弦长1000mm的弧形样板检查其曲率半径，腹板与样板之间的间隙不得大于3mm。楼梯为从左向右旋转，腹板卷制时，钢板应从右侧进入。

**楼梯踏步制作** 楼梯踏步采用折弯机进行压弯。踏步为扇形，压弯时需注意折角方向，踏步宽度方向不得出现正公差。根据图纸要求组装踏步板上各零部件，焊角符合施工图纸要求。

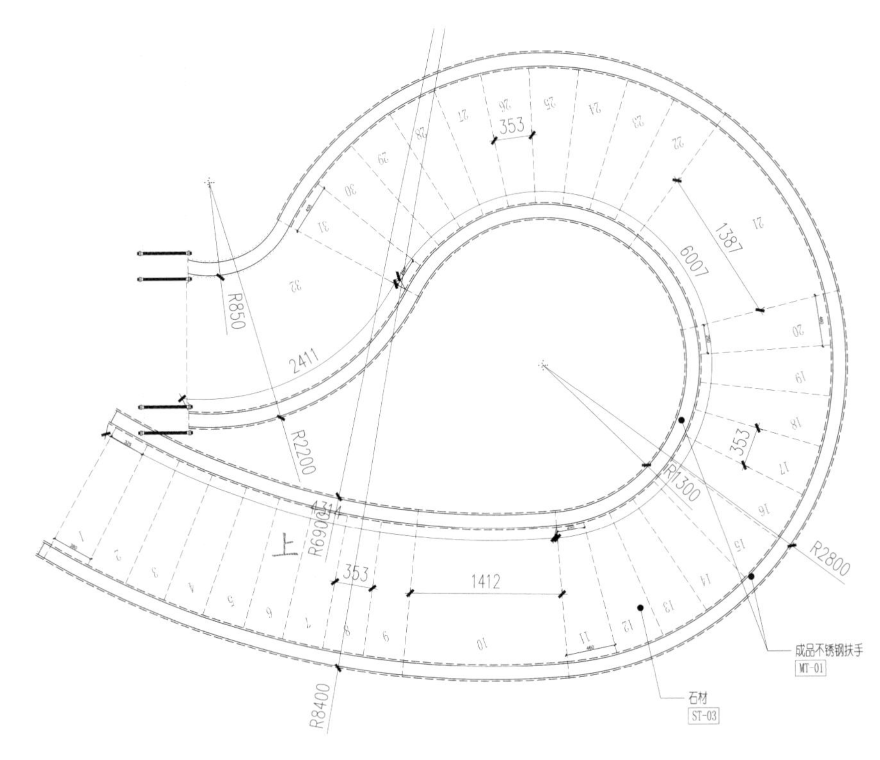


大堂旋转楼梯平面

**楼梯柱、楼梯梁制作** 梯柱、直段梯梁在H型钢生产线上制作，弧形梯梁翼腹板组对根据设计图纸在工装胎架上放实样进行制作，制作时严格遵守H型钢制作通用工艺。

焊接H型钢梯柱、梯梁，采用腹板单面坡口反面清根全熔透焊，焊缝质量为全熔透一级焊缝。

根据图纸要求在工装胎架上组装梯柱、梯梁上各零部件，焊角符合施工图纸要求。

**楼梯预拼装** 预拼装检验合格后，进行梯梁和踏步板、平台板的分拆，分拆时，在梯梁腹板上用样冲眼做好每块踏步板、平台板安装位置标记。

预拼装搭胎截面由两根柱和一根横梁组成，立柱用热轧H型钢，底托采用钢板，横梁采用钢板条。钢柱高度根据楼梯踏步实际高度确定。

**质量检验** 焊缝外观质量检查：所有焊缝焊接后，100%的外观检查，焊缝的外观检查质量标准及允许偏差应满足《钢结构焊接规范》GB 50661—2011的要求，对不合格部位按规定返修。

焊缝尺寸检验的允许偏差项目符合标准要求。

# 电梯间

## 简介

位于每层客运电梯处，面积 91m$^2$。让客户在等待电梯的过程中，得到豁然开朗、心旷神怡的审美感受。

## 设计

意大利木纹石质地坚硬、耐磨、耐压，其化学稳定性好，不易风化变质，耐腐蚀性强，适合于室内公共空间，给人以高贵、典雅、庄重的感觉。

## 材料

意大利木纹石、集成带、拉丝不锈钢等。

电梯间全景

## 技术难点、重点、创新点分析

电梯间墙面意大利木纹石采用干挂安装形式，风帆造型的墙面结合按钮造型与大堂造型相呼应。墙面木纹石要求纹理顺畅一致，无明显色差，安装牢固。干挂石材龙骨安装精度较高，安装位置要求准确、无变形，通过设置不同长度的不锈钢 T 形挂件，实现风帆造型，保证石材安装后造型一致，连接自然顺畅。

## 干挂石材墙面施工工艺

基层处理→放控制线→挑选石材→预排石材→表面刷防护剂→打膨胀螺栓孔→安装骨架→安装调节片→石材开槽→石材安装→勾缝→清理。

**基层处理** 墙面基层表面用笤帚清理干净，局部有影响骨架安装的凸出部分要剔凿干净。

饰面基层、构造层的强度、密实度符合设计规范要求。

根据装饰墙面的位置检查墙体是否有局部剔凿，保证装饰厚度。

**放控制线** 石材干挂施工前必须按照设计标高要求在墙体上弹出 50cm 水平控制线和每层石材标高线，并在墙上做上控制桩，拉白线控制墙体水平位置，控制和找房间、墙面的规矩和方正。

根据石材分隔图弹线，确定金属胀管安装位置。

**挑选石材** 石材进货到现场必须对其材质、加工质量、花纹、尺寸等进行检查，并将色差较大、缺棱掉角、崩边等有缺陷的石材挑出、更换。

**预排石材** 将挑选出来的石材按照使用的部位和安装顺序进行编号，并选择较为平整的场地做预排，检查拼接出来的板块是否有色差，是否满足现场尺寸的要求，完成此项工作后将板材按编号存放好备用。

**表面刷防护剂** 石材的每一面均做防护处理，经过 72h 的自然干燥，含水量不大于 10%方可操作。

**打膨胀螺栓孔** 在结构墙面上固定 10mm 的膨胀螺栓，固定间距与石材分格相同；轻质墙面安装石材应在地面、顶棚固定角钢件，固定间距不大于 600mm。

**安装骨架** 墙面预埋膨胀螺栓，横向焊接 50mm × 50mm 角钢，角钢间距与石材分格相同，局部直接采用挂件和墙体连接。骨架安装之前按照设计和排板要求的尺寸下料，安装骨架注意其垂直度和平整度，并拉线控制使墙面或房间方正。

**安装调节片** 调节片安装是依据石材的板块规格确定的。调节挂件采用不锈钢制成，按照设计要求进行加工。利用八角螺栓和骨架连接，注意调节挂件一定要安装牢固。

**石材开槽** 安装石材前用云石机在石材的侧面开槽，开槽深度依照挂件的尺寸进行，一般要求不小于 1cm 并且在板材后侧边中心。为了保证开槽不崩边，开槽距边缘距离为 1/4 边长且不小于 50mm，并将槽内的石灰清理干净以保证灌胶黏结牢固。

**石材安装** 石材安装从底层开始，吊好垂直线，然后依次向上安装。必须对石材的材质、颜色、纹路、加工尺寸进行检查，按照石材编号将石材轻放在 T 形挂件上，按线就位后调整准确位置，并立即清孔。槽内注入耐候胶，要求锚固胶有 4 ~ 8h 的凝固时间，以避免过早凝固而脆裂，过慢凝固而松动。板材垂直度、平整度、拉线校正后扳紧螺栓。安装时注意各种石材的交接和接口，保证石材安装交圈。

**勾　　缝**　设计要求留缝的墙面，需在缝内填入同颜色的勾缝剂。

**清　　理**　勾缝完毕后，用棉纱等物对石材表面进行清理；干挂也须待胶凝固后，再用壁纸刀、棉纱等物对石材表面进行清理。需要打蜡的一般应按照使用蜡的操作方法进行，原则上应烫硬蜡、擦软蜡，要求均匀不露底色、色泽一致、表面整洁。

## 会议中心大厅

### 简介

位于四层，面积 51.6m$^2$。分为门厅和茶歇区。门厅内设 LED 显示屏，可显示不同会议的开会地点，对参会人员进行必要的引导。茶歇区设置吧台、沙发和座椅，是会前和会中休憩场所，为参会人员提供惬意舒适的休闲环境。

### 设计

门厅与茶歇区整体风格统一，采用了大理石、柚木木饰面、不锈钢，不同的材质在空间碰撞却不凌乱。会议区的装饰风格更显严谨、理性，而茶歇区则更显放松、惬意，和谐统一。

### 材料

玻化砖、柚木木饰面、意大利木纹石套线、不锈钢大拉手、玻璃隔断门等。

### 技术难点、重点、创新点分析

柚木木饰面隔墙于进门处，分隔门厅和茶歇区，是装修的重点。柚木为高档装修木材，具有坚实耐用、纹理细致优美、千姿百态等特点，装修时易出现拼缝拼接花纹不顺，颜色不一致，油漆变色、起花斑等现象。施工时，对隔墙墙面安装阻燃板基层，进行调直、调平，木饰面背胶粘贴于阻燃板基层之上，从木饰面工艺缝中打枪钉固定。柚木木饰面安装表面平整，油性光亮，色泽均一，纹理通直。地面为玻化砖地面，吸水率低，铺贴时易产生空鼓现象。为了避免空鼓，铺贴前在玻化砖背面涂刷背胶，由于背胶为液状高分子聚合物材料与多种无机硅酸盐复合组成的双组分产品，具有干燥收缩小、韧性好、与水泥基材料黏结力高等特点，可有效解决玻化砖空鼓的问题。

会议中心大厅休闲区

## 工艺

### 柚木木饰面隔墙施工工艺流程

放线→安装天地龙骨、隔墙骨架→安装竖龙骨→加强龙骨→基层板安装→饰面板安装。

**放　　线**　依据图纸弹出隔墙位置线、门洞口位置线。

**安装天地龙骨、隔墙骨架**　用膨胀螺栓将 U75 天地龙骨固定在楼板与墙面上，再固定天地龙骨；沿墙、柱龙骨安装时螺栓间距小于 800mm，天地龙骨安装时膨胀螺栓间距小于 1000mm。

**安装竖龙骨**　用 3.2mm × 7mm 的抽芯铆钉，将 UC75 竖龙骨和天地龙骨固定，竖龙骨间距 600mm。

**加强龙骨**　在轻钢龙骨隔墙相接、转角部分要用附加龙骨固定。

**基层板安装** 隔墙两面安装 9mm 多层板，安装在隔墙龙骨上作为基层，安装平伏、牢固无翘曲。表面如有凹陷或凸出需修正，对结合层上留有的灰尘、胶迹颗粒、钉头应完全清除或修平。

**饰面板安装** 设计施工图要求在已制作好的木作基层上弹出水平标高线、分格线，检查木基层表面平整和立面垂直、阴阳角套方。木基层所选用的骨架料必须烘干，选用优质胶合板，其平整度、胶着力必须符合要求。

选花色木夹板，分出不同色泽、纹理，按要求下料、试拼，将色泽相同或相近、木纹一致的饰面板拼装在一起，木纹对接要自然协调，毛边不整齐的板材应将四边修正刨平，微薄板应先做基层板然后再粘贴，清水油漆饰面的饰面板应尽量避免顶头密拼连接。饰面板应在背面刷三边防火漆，同时下料前必须用油漆封底，避免开裂、便于清洁，施工时避免表面摩擦、局部受力，严禁锤击。

木胶粉均匀涂在饰面背面及木基层一面，在饰面板上垫 9mm 多层板条，枪钉打在板条上，待胶干后起下板条和枪钉。起板条和枪钉时必须有垫木，防止局部受力损坏。

饰木线必须色泽一致，光洁平整，接缝紧密，枪钉必须钉在隐蔽部位，装饰木线的材料必须经过烘干，且含水率必须符合要求，色泽、纹理符合设计要求，线条表面必须无油污。木线表面经砂磨光滑、油漆封底，分色挑选后运送至工地。

直接固定的饰面必须使用枪钉施工。微薄板以及有些饰面板安装，必须在做好中密度板、多层板基层板的基础上采用两面涂刷强力胶粘贴，涂刷胶水必须均匀，胶水及作业面整洁。精心施工，加强成品保护，避免边角被碰。

### 玻化地砖施工工艺流程

清理基层、找规矩→扫素水泥浆一道→冲筋→装档→养护。

**清理基层、找规矩** 将基层清理干净，表面灰浆皮要铲掉扫净，将混凝土楼面上的砂浆污物等清理干净，如基层有油污，应用 10% 的火碱水刷洗净后，用清水冲扫其上的碱液，并认真将板面凹坑内的污物清扫干净。

**扫素水泥浆一道** 在清理好的基层上，浇水洇透，并撒素水泥面，然后用扫帚扫匀，扫浆面积的大小应根据打底铺灰速度的快慢决定，随扫随铺。

**冲　　筋** 房间四周从 +50cm 水平线下反至底灰上皮标高（从地平减去面砖厚度及黏结砂浆厚度）抹灰饼，房间中隔 1m 左右冲筋一道，有深地漏的房间应由四周向地漏方向做放射形冲筋，并找好坡度，冲筋应使用干硬性砂浆，厚度不宜小于 2cm。

**装　　档** 用 1 ∶ 4 水泥砂浆根据冲筋的标高，用小平锹或木抹子将砂浆摊平、拍实，小杠刮平，使铺设的砂浆与冲筋找平，再用大杠横竖检查平整度，并检查标高及泛水的准确，用木抹子挫平，24h 后浇水养护。
对铺设的房间检查净空尺寸，找好方正，在找平层上弹出方正的垂直控制线（找平层一般分为“软底”和“硬底”：在当日抹好的找平层上铺砖为“软底”；在已完成硬化的找平层上铺为“硬底”。找方正时在硬底上可弹控制线，在软底上拉控制线）。按施工大样图计算出铺贴的张数，若不是整张的应甩到边角处，不能铺设到显眼的地方。
铺地砖时，应在房间纵横两个方向排好尺寸，缝宽以不大于 1cm 为宜。当尺寸不足整块的倍数时，可裁割半块砖用于边角处；尺寸相差较小时，可调整缝隙。根据确定后的砖数和缝宽，在地面上弹纵横控制线，约每隔四块砖弹一根控制线，并严格控制方正。从门口开始，纵向先铺几行砖，找好规矩（位置及标高以此为筋压线，从里面向外退着铺砖，每块砖要跟线。铺砖的操作程序是：浇水泥浆于底灰上；砖的背面朝上，抹铺黏结砂浆。其配合比不小于 1 ： 2.5，厚度不小于 10mm，因砂浆强度高，硬结快，应随拌随用，防止假凝后影响黏结效果，将抹好灰的砖砌到浇好水泥浆的底灰上，砖上棱和线用木板垫好，木槌砸实找平。
将已铺好的砖块拉线修整拨缝，将缝找直，并将缝内多余的砂浆扫出，将砖砸实，如有坏砖应及时更换。
用 1 ： 1 水泥浆勾缝，要求勾缝密实，缝内平整光滑。如设计要求不留缝隙，则要求缝隙平直。在砸平、修整好的砖面上撒干水泥面，并用水壶浇水，用扫帚将水泥扫入缝内，将其灌满并及时用拍板拍振，水泥灌实，最后用干锯末扫净，同时修理高低不平的砖块。

**养　　护**　铺完面砖后，常温下 48h 放锯末浇水养护。整个操作过程应连续完成，最好一次铺设一间或一个部位，接茬最好放在门口的裁口处。

## 视频会议室

### 简介

位于四层，面积 149.4m$^2$，是银行高层召开系统视频会议场所，可提供高科技的通信、协作和决策的现代化手段和解决方案，为银行高层讨论一些重大事项的场所。

### 设计

空间整体简洁有力，吊顶的设计保证灯光照明的同时兼具美观性。根据会议功能要求设计了暗藏式自动伸缩投影屏，墙面木饰面，降低了声噪，保证了装饰效果。以最简洁的设计语言来营造含蓄、庄重的空间效果。

会议室内景

## 材料

柚木木饰面、软膜吊顶、块毯等。

## 技术难点、重点、创新点分析

室内吊顶上设置了 10 块面积为 $4m^2$ 的软膜吊顶作为主要的采光光源，采光效果极佳。软膜吊顶对安装工艺有一定要求。如果安装不到位，内装灯管的色值、灯管的排布方式等会直接影响软膜的色温与视觉品质，会出现打光有暗影、软膜色温不一致现象，拉伸不均匀会造成软膜起皱、不平。施工时需要重点控制，采取一定的措施，保证装饰效果。铺贴软膜吊顶材料防火等级为 B1 级，不能满足工程要求。为了满足消防要求，视频会议室软膜吊顶选用了特殊高强度聚酯纤维布基制成的复合材料 A 级防火透光软膜，透光率达到 75%，灯光装饰效果完美独特。灯箱内贴反光锡纸，吊顶灯槽内安装 LED 灯管，灯管排布间距为 250mm，采用专用卡子固定，光线柔和、均匀、无暗影。

软膜吊顶

## 软膜吊顶施工工艺流程

基层处理→软膜材料前期加工→安装软膜特制龙骨→软膜安装。

**基层处理** 软膜吊顶需在做好底架基础上进行安装，底架可采用木方、方管等材料，底架要求同特制龙骨接触面的宽度大于 2.5cm，要求底架安装牢固无松动。吊顶灯具、消防等处理完毕。

**软膜材料前期加工** 严格按照图纸要求，对软膜材料进行剪裁、焊接等，要求软膜整体颜色、批次一致，焊接无缝隙。

**安装软膜特制龙骨** 在已做好的底架基础上，严格按图纸要求固定软膜特制龙骨。龙骨固定方式随底架材料改变，可采用枪钉、拉钉等。龙骨安装要求平整，两条龙骨之间接缝小于 2mm。

**软膜安装** 在已做好的特制龙骨基础上，安装软膜。严格按照图纸要求，软膜安装平整，颜色一致，所有软膜安装要拉紧。对于规格超过 1m 之处采用热吹风将膜吹软，之后再拉紧，这样可保证安装后软膜平整一致。灯与膜的距离应保证在 25 ~ 30cm，所有消防、筒灯等需要空孔位置需预先开好孔。

# 交通银行重庆市分行交通银行大厦装修工程

**项目地点**

重庆市江北区江北城西大街 3 号

**建设单位**

德才装饰股份有限公司

**工程规模**

总建筑面积约 39998m$^2$

**开竣工日期**

2016 年 4 月 20 日 ~ 12 月 23 日

**社会评价**

交通银行重庆市分行交通银行大厦位于重庆市江北区江北城西大街，南邻嘉陵江畔，东邻长江畔，面向朝天门。该工程建筑设计充满现代化气息，外形设计时尚，内部功能齐全，在重庆江北嘴 CBD 商务区内占据重要的位置，是江北嘴金融区标志性建筑物之一。

交通银行大堂

# 工程简介

交通银行大厦地上 21 层，地下 7 层，此次工程主要为负二层、负一层、吊一层至吊五层、平一层至二十一层部分室内精装修、给排水、电气工程、墙体拆除等。

# 主要功能空间

## 一层办公楼迎宾大厅

### 简介

大堂位于建筑一层，面积 510m$^2$，设有迎宾区、接待区等。大堂装修高端大气，典雅明亮，设有绿植景观和景观石，给客人留下尊贵和赏心悦目的感受。

### 设计

米黄色大理石地板、墙面、深色水景营造出静逸、灵动的空间氛围。水晶灯柔和的光线让人倍感舒适。通过材料的生命力及相互之间的补充、组合带来温暖视觉、触觉等多层次的愉悦感，在严谨的设计配置中创造温暖流动的氛围。

### 材料

地面为意大利木纹大理石、木纹地板、黑金砂大理石；墙面为罗马洞大理石、黑白根大理石、白色蜂窝铝板；顶面为白色蜂窝铝板等。

### 技术难点、重点、创新点分析

顶棚采用大规格蜂窝铝板吊挂工艺。蜂窝铝板规格较大，安装后易产生挠度变形量大、平整度和牢固度难以控制的情况，影响观感。施工中要求轻钢龙骨和蜂窝铝板的材质、品种、式样、规格等都要符合设计要求。采取措施保证轻钢龙骨安装位置正确，连接牢固，无松动。加强对蜂窝铝板的保护，做到面层无脱层、翘曲、折裂、掉漆

绿植景观

景观石

等缺陷，安装牢固。轻钢龙骨的吊杆、龙骨安装必须正确、平直，无弯曲变形。蜂窝铝板接缝形式符合设计要求，接缝宽窄一致、平直整齐。要求蜂窝铝板表面的灯具、烟感器、喷淋头、风口箅子等设备的位置合理、美观，与饰面板的交接吻合、严密，有效保证蜂窝铝板吊顶施工质量。

## 铝蜂窝板吊顶施工工艺

### 施工工艺流程

弹线→安装吊杆→安装龙骨及配件→安装铝质蜂窝板。

### 施工工艺

· 先在墙、柱上弹出顶棚标高水平墨线。水平偏差允许在 ±5mm 以下。

· 在顶棚上划出吊杆位置：上人吊杆用直径 8mm 钢筋（荷载过大时需经计算决定吊杆断面）。上人吊杆距墙控制在 100mm 左右。同时距主龙骨端部不得超过 300mm。吊杆端头螺纹外露长度大于 3mm。

· 主龙骨间距一般为 1000 ~ 1200mm，离墙边第一根主龙骨距离不超过 200mm，各主龙骨接头要错开，不在一条线上，吊杆方向也要错开，避免主龙骨向一边倾斜。

· 主龙骨吊放时尽量避开灯具、广播喇叭、空调口、喷淋头、消防探头等。勾搭龙骨按板面分格大小排布。

· 主次龙骨要求平直，起拱高度为不小于房间短向跨度的 1/200。校正后将龙骨所在吊挂件、连接件拧紧、夹紧。

· 全面校正主龙骨、勾搭龙骨的位置及水平度；连接件错位安装。通常勾搭龙骨对接偏差不得超过 2mm。

· 接到顶棚隐蔽工程验收报告认可后，吊顶蜂窝板（及龙骨）的排列宜从房中向两边依次安装。严格按节点施工。

· 上风口、灯具、消防探头、喷淋头、广播喇叭等在吊顶蜂窝板就位后安装。

· 吊杆与设备相互有妨碍时，增设吊杆并调整杆位。

· 装饰跌级吊顶，先在地面上弹墨线定位，再用悬锤挂线定出准确位置。

· 重型设备应直接吊挂在钢筋混凝土楼板上，不得与龙骨相连。

蜂窝铝板吊顶

**注意事项**

- 勾搭龙骨间距由面板实际尺寸决定。
- 安装灯具风口要根据重量大小来确定固定方法，按设计进行施工。
- 龙骨吊顶完毕，验收认可后才能安装蜂窝板。

## 接待区

### 简介

位于建筑十三层，面积 1500m$^2$。设有会客室、会议区、洽谈区、休闲区等。格调高雅别致，舒适温馨，是高端客户团队商务洽谈和其他客户业务咨询的理想场所。

### 设计

多功能厅的预留，保证整体空间功能的完整性，开放性的布局给人无限的想象空间。

## 材料

地面为地毯、深色木地板、雅士白大理石、金镶玉大理石；墙面为罗马洞大理石、皮革硬包、深色木饰面板、磨砂玻璃隔断；顶面为木纹铝方通、白色蜂窝铝板、白色铝单板等。

## 技术难点、重点、创新点分析

由于会客室面积较大，地面为手工纯毛地毯，需要现场拼接缝制且要求拼接严密无痕迹。现有工艺拼接后的接口会因间隙过大而形成明显的沟壑，使整个地毯质量出现明显的瑕疵；另外，由于分开制作的地毯边毛过长，拼接毛头倒向不同和平面去毛形成的生茬会让拼接痕迹暴露无遗，影响产品的整体质量。经反复探索，采用"拉链式"拼接地毯，拼接后的毯面既无沟壑又无接痕。尤其是拼接后再进行工序处理，基本无法找到拼接处，铺贴效果良好。铝方通吊顶施工时，易产生吊顶断面不齐、铝方通不通直、间距不一致等现象；为避免此类问题，采用了组合式铝合金格栅轻钢龙骨。轻钢龙骨在地面拼接后，具有一定的强度和刚度，不易变形，再进行整体安装，可实现铝方通的精确定位，安装后，铝方通格栅间距一致，排列整齐，断面平齐，装饰效果好。

## 铝方通吊顶工程施工

### 工艺流程

测量放线→技术交底→吊杆安装→检查机电设备管道安装→检查检修道安装→安装铝方通→安装风口灯具→调平验收。

测量放线。主要是弹标高线和龙骨布置线，以检查机电管道和装饰顶棚是否满足设计要求，并制定施工方案。

吊杆安装。吊杆安装的间距取决于龙骨的布置，铝顶棚长向主龙骨间距为600mm，长向龙骨吊杆间距为1000mm，当吊杆与设备相遇时，不能将吊点设在设备支架上，应调整吊点构造或增设吊杆，以保证吊顶质量，调整吊点构造的主要方法为焊烧角钢架。吊杆应通直并有足够的承载能力。当预埋的吊杆需接长时，必须搭接焊牢，焊缝均匀饱满。吊杆与建筑结构固定，板或梁上用膨胀螺栓固定角码，吊杆挂在角码上，再安装专用弹簧片和吊钩。

检查机电。检查顶棚上的通风、消防、电器线路是否安装好，是否已完成试压、保温、防腐等工作，是否已安装好顶棚检修道。这些工作完成后，方可进行铝方通、铝合金网格安装工作。

会客室

洽谈区

休闲区

铝方通安装。按照供应商施工工艺图，铝方通对扣式安装，安装边龙骨，再安装风口灯具等设备，并注意调平铝方通、铝合金网格顶棚。

**注意事项**

主龙骨吊点间距，应按不同的金属顶棚设计选择，中间部分应起拱，金属龙骨起拱高度一般应不小于空间短向跨度的 1/200，主龙骨安装后应及时校正其位置和标高。吊杆距主龙骨端部距离不得超过 300mm，否则应增设吊杆，以免主龙骨下坠。

次龙骨应紧贴主龙骨安装，板材的接缝处必须安装在宽度不小于 40mm 的次龙骨上。

铝方通吊顶

边龙骨应按设计要求弹线，固定在四周墙上。

全面校正主、次龙骨的位置及水平度。连接件应错位安装。通长次龙骨连接处的对接错位偏差不得超过1mm。校正后应将龙骨的所有吊挂件、连接件拧紧夹紧。吊顶骨架应牢固可靠。

设备、灯饰应弹线开孔，这直接关系到顶棚装饰效果。自动喷淋、烟感器、风口、灯具等设备与顶棚表面衔接要得体，安装要吻合。

在检查孔、通风口与墙面或柱面交接部位，板应用边龙骨封口。检查孔部位牵涉两面收口时，应用两根边龙骨背靠背拉铆钉固定，然后按预留口的尺寸围成框。

# 青岛大剧院音乐厅装饰装修

**项目地点**

山东青岛市崂山区云岭路以西，梅岭路以南

**工程规模**

总建筑面积约 6 万 $m^2$，其中包括 1600 座的大剧场，1200 座的音乐厅和 400 座的多功能厅及其他附属设施，能满足歌剧、舞剧、话剧、戏曲、交响乐以及歌舞、曲艺、杂技和大型综艺演出等需求，并具有接待世界一流艺术表演团体演出的条件和能力

**开竣工日期**

2009 年 11 月 1 日 ~ 2010 年 7 月 31 日

**社会评价**

青岛的山、海、云构成了大剧院设计的主题。水是生命之源，海是城市的灵魂，溪流汇聚，潮起潮落，天作地合造就了大剧院的主体。大剧院分为大剧场、音乐厅和多功能厅、接待培训中心和表演艺术交流中心四部分。四个主要功能部分可独立开放而不相互干扰，通过条板梁银顶自然的联结，形成有分有合、四面开敞的布局，与周围的广场、绿茵、道路融为一体。银顶飘逸自然的形态流淌出海浪涌动的韵律，又仿佛云海的漂浮不定、变幻莫测。

大剧院外立面

音乐厅舞池正面

# 工程简介

音乐厅位于建筑群的南侧，主要演奏大型交响乐、民族乐和室内乐，舞台(演奏台)宽 23m、深 12m，能容纳 120 人的四管乐队和 180 人的合唱队演出。在舞台前部设有钢琴升降台。音乐厅的内部设计主要采用适合自然声音频要求的 MDF 板、GRC 板和石膏板为装饰面材，混响时间为 2s，完全可以做到原声演奏。背墙上加装了规模庞大的管风琴。

# 主要功能空间

音乐厅

**简介**

楼座波浪墙为双曲面多层石膏板，沿垂直距离最高处分为 10 个波浪层级。在每个波浪层级顶端展开，平面内安设可调光灯，构成间断、发散有致的灯带。池座波浪墙为榆木饰面的 MDF 板，双曲面多层石膏板和榆木饰面的 MDF 板混响时间为 2s，完全可以做到原声演奏。地面采用了实木马赛克地板。

## 设计

楼座墙面采用弧形石膏板敞口设计，敞口处内部间隔设置 T5 灯管。灯开启时，明暗相间，不会产生炫光现象，向上的光线柔和而绚丽。池座采用榆木饰面的 MDF 板，观感高雅，色彩绚丽，给人以祥和安静的视听空间。剧院装饰是专业性很强的装饰工程，对材料的声、光、色等都有很高的要求。因考虑到架空木地板在人们行走过程中噪声大，可能会严重影响节目的演出，且由于观众多，架空木地板的使用寿命也无法保证，而石材这种冷材质也不宜在观众厅中使用，因此选用了实木马赛克地板。马赛克木条地板色泽亮丽，色调为暖色的黄色，与榆木木饰面墙面相呼应。

音乐厅内景

楼座波浪墙

## 材料

12.5mm 石膏板、榆木饰面 MDF 板、乳胶漆、拉丝不锈钢 T 形条、T5 灯管、轻钢龙骨、矿棉、镀锌型钢、马赛克木条地板等。

## 技术难点、重点、创新点分析

双曲面多层石膏板装饰侧墙，按照错位排列分为 A、B、C、D 四种序列逐层布置，每一米高度为一层级，最高点处达十个层级，四种序列设置排布在转角处的曲率半径弧段长度达到 27 种，施工难度大，复杂性高。为了保证施工的精确性，必须在施工方法及施工工艺技术中予以保障。

榆木饰面的 MDF 板易受潮气影响产生变形，因此要求 MDF 板安装前先进行干燥。安装过程中板材连接处需加装暗销，以抵抗板材变形，保证板材安装后平整。

音乐厅地面为大面积实木马赛克地板，地板需直接粘贴在水泥地面上。如何有效保证黏结牢固稳定十分关键。空鼓是实木马赛克地板最容易出现的质量问题，原因是多方面的。首先，混凝土基层水分过高，在表面粘贴实木马赛克地板后，水汽向外透不出去，时间一长便会在地板与基层间形成空隙，导致空鼓。其次，若混凝土基层或自流

池座波浪墙

平强度不够，粘贴地板后，在黏结胶的强大抓力下，木地板基层表面容易被抓起，造成木地板与基层分离，形成空鼓。第三，木地板或混凝土基层伸缩变形，造成木地板相互挤压，从而与混凝土基层错开，造成空鼓。第四，胶黏剂本身强度低，无法有效将地板与混凝土基层结合，在木地板承受重复压力作用下与基层分离，形成空鼓。

伸缩变形也是实木马赛克地板易出现的问题。由于混凝土具有伸缩性，黏结在其表面的木地板也跟着基层伸缩，造成马赛克木地板表面开裂或两侧受挤压张拉引起空鼓变形。另外，由于木地板本身具有一定的含水率，在室内环境变化的情况下，木地板因自身水分的减少或增加引起相应的收缩和膨胀，从而造成整片木地板大幅度变形，引起地板开裂，严重的引起地板与混凝土基层脱离，形成大面积空鼓。针对马赛克地板空鼓和伸缩变形的质量问题，采取了必要的预防和控制措施。首先，加强对混凝土基层和自流平的施工质量控制，确保达到地板粘贴所必需的强度和平整度。其次，对进场木地板进行合理晾置，保证其具有与施工现场相同的温度、湿度，施工完毕及时对木地板进行油漆封闭，避免其含水率随外界变化而变化。最后，通过设计结合现场实际布局，合理设计混凝土基层及马赛克地板的伸缩缝，为混凝土和木地板的伸缩留有余量。

## 工艺

### 墙面曲面石膏板安装施工工艺

定位放线、验线→基层钢架安装校核→灯槽安装→基层弧形龙骨安装→中间隐蔽验收→U 形不锈钢安装→曲面石膏板安装→布纤维网、刮腻子、打磨、找平→面层涂金属漆料→验收。

**定位放线、验线**　施工前按照设计标高在墙体上弹出 50cm 水平控制线和标高线。根据分格图弹线，确定钢龙骨的安装位置。

**基层钢架安装校核**　安装埋板。在结构梁上固定 M12mm × 160mm 的化学锚栓，埋板固定间距按照设计图纸确定。

安装骨架。墙面预埋板采用化学锚栓固定。采用槽钢将竖向钢龙骨与埋板连接，安装位置按照图纸要求固定。

**灯槽安装**　采用中密度板制作灯槽，按照要求采用自攻自钻螺钉固定在钢龙骨上，要求安装牢固。

**基层弧形龙骨安装**　将加工好的弧形钢龙骨焊接在竖龙骨上，位置要求符合图纸要求，焊接牢固。焊缝进行清渣除锈，并涂刷两遍防锈漆。弧形龙骨安装高度误差要求小于 1mm。

| | |
|---|---|
| **中间隐蔽验收** | 对埋板及钢龙骨进行隐蔽验收，对钢龙骨安装位置精度进行检测，对钢龙骨的防锈处理进行检查。 |
| **U形不锈钢安装** | 采用氩弧焊将U形不锈钢焊接在角钢上，要求焊接牢固。 |
| **曲面石膏板安装** | 采用三层12.5mm厚石膏板，所有层间粘密网慢刷白胶，采用不锈钢自攻自钻螺钉进行固定，镶板按照连续的圆弧进行切割。 |
| **布纤维网、刮腻子、打磨、找平** | 对石膏板表面进行光滑处理，整体填充抹平。 |
| **面层涂金属漆料** | 进行面层金属漆料喷涂，要求喷涂均匀，色泽一致，无流淌。 |
| **验收** | 要求无开裂，弧度顺滑，色泽一致。 |

**榆木饰面的MDF板施工工艺流程**

定位放线、验线→安装埋板→槽钢连接件安装→基层弧形横龙骨安装→基层弧形竖龙骨安装→中间隐蔽验收→U形不锈钢安装→榆木饰面MDF板安装→涂漆→验收。

| | |
|---|---|
| **定位放线、验线** | 施工前按照设计标高要求在墙体上弹出50cm水平控制线和标高线。根据分格图弹线，确定钢龙骨的安装位置。 |
| **安装埋板** | 在结构梁上固定M12mm×160mm的化学锚栓，间距按照埋板设计图纸规定。 |
| **槽钢连接件安装** | 采用槽钢与埋板焊接，安装位置按照图纸要求，要求焊接牢固，焊后清渣除锈，涂刷防锈漆两遍。 |
| **基层弧形横龙骨安装** | 将加工好的弧形钢龙骨焊接在槽钢连接件上，位置要求符合图纸要求，焊接牢固。焊缝进行清渣除锈，并涂刷防锈漆两遍。弧形龙骨安装高度误差要求小于1mm。 |
| **基层弧形竖龙骨安装** | 将加工好的局部弧形竖向钢龙骨焊接在横向钢龙骨上，位置要求符合图纸要求，焊接牢固。焊缝进行清渣除锈，并涂刷防锈漆两遍。弧形竖龙骨安装左右位置误差要求小于1mm。 |
| **中间隐蔽验收** | 对埋板及钢龙骨进行隐蔽验收，对钢龙骨安装位置精度进行检测，对钢龙骨的防锈处理进行检查。 |
| **U形不锈钢安装** | 采用氩弧焊将U形不锈钢焊接在槽钢上，要求焊接牢固。 |
| **榆木饰面MDF板安装** | 将粘贴0.6mm厚榆木木饰面的50mm厚MDF板采用专用挂件挂接在竖向钢龙骨上。 |
| **涂漆** | 面层喷涂无色聚氨酯漆，要求喷涂均匀，色泽一致，无流淌。 |
| **验收** | 要求木饰面拼缝严密，高低一致，颜色均匀一致，光泽均匀，表面光滑无刷纹。 |

## 马赛克实木地板施工工艺

材料准备→基础施工→基层处理→放线刮胶粘贴→表面打磨→找补油漆→验收。

**材 料 准 备** 实木马赛克地板的选材应根据设计要求进行，初步确定木材种类。

根据设计要求确定基本的纹理和地板尺寸。

根据使用功能需要来确定树种。选择专业的地板加工企业进行加工。要求加工企业具有充足的备料加工能力、专业技术人员、专业的干燥、脱水等木材母材制备设备等。

加工好的地板运到施工现场后，将其搁置在施工房间内晾置，让地板达到与施工现场的外部环境相同，释放张力和应力，吸收或释放水分，达到稳定的温度和湿度。

室内温度总体应控制在 16℃左右，室内湿度控制在 12℃，上下

舞台地面

浮动 1℃，木地板含水率应控制在 10% ~ 12%。

**基础施工** 地板基础要求混凝土强度不低于 C30 且要求随打随抹至混凝土泛浆（为追求基层的平整度，可在混凝土完工后在基层上做 25mm 厚水泥砂浆找平层，但应适当进行标高调整）。

基层混凝土完工后根据自流平的施工工艺进行基层表面自流平的施工，施工厚度 3mm，强度要求 C35 以上。既要达到规范中对表面平整度的要求，又要达到木地板粘贴要求的基层强度。

基层施工后养护。

**基层处理** 将具备施工条件的基层清洁后，进行标高线和排板线的施放，然后开始满刮地板专用黏结胶；地板与基层的黏结胶要求强度高、耐氧化且富有弹性，胶黏剂采用德国进口产品，以保证黏结。

**放线刮胶粘贴** 在粘贴地板前，对地面进行分割放线，并计算好粘贴模数，避免不对称情况的发生。

**表面打磨** 地板粘贴结束后，1 ~ 2d 具备一定强度后即可进行边角的修裁和表面的打磨。地板打磨选用经验丰富的老师傅操作，一般打磨三遍，一粗两细。

**找补油漆** 油漆施工按正常工艺要求进行，油漆的选择应以通透耐磨为主，选择聚氨酯类油漆。

**验收** 地板安装后，喷涂透明无光泽聚氨酯漆。地板黏结牢固可靠，拼缝紧密，色泽一致，平整耐磨。

# 青岛海尔全球创新模式研究中心内装修

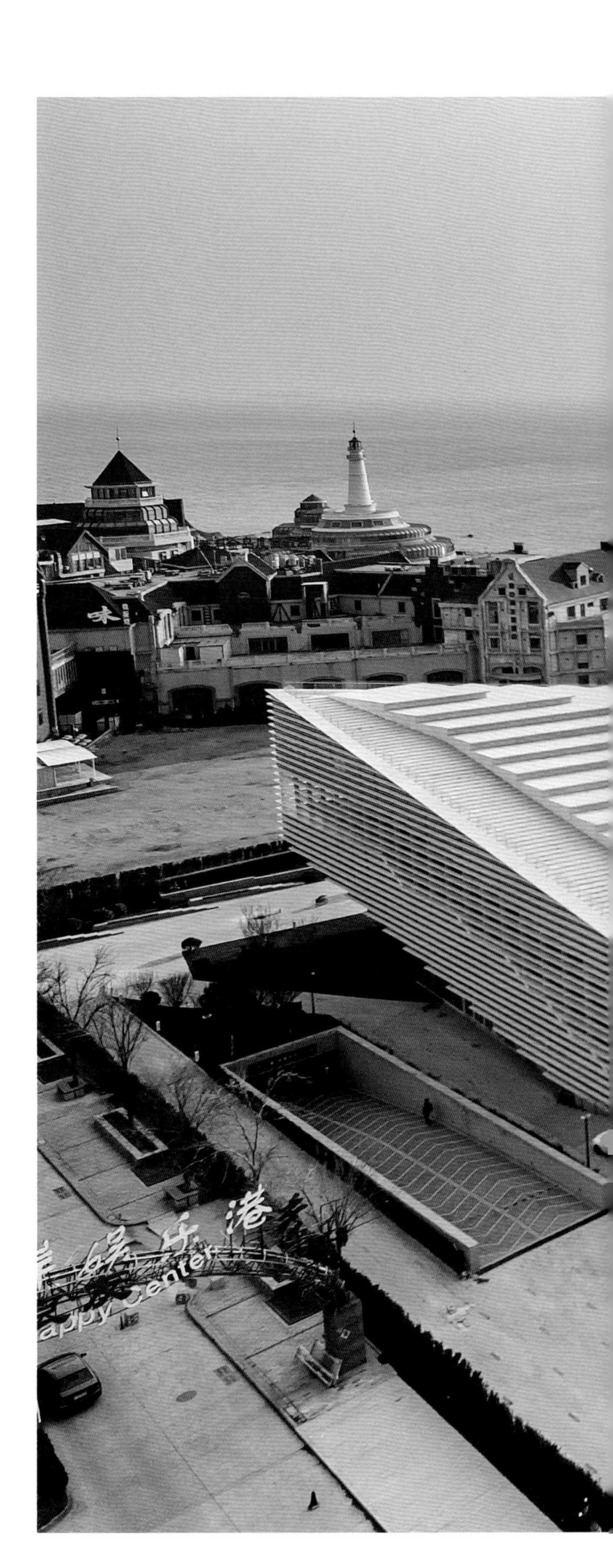


**项目地点**

山东青岛市崂山区东海东路以南，东临极地海洋世界

**工程规模**

13000$m^2$

**建设单位**

海尔股份

**竣工时间**

2016 年 12 月 20 日

**获奖情况**

荣获 2017 年中国建筑工程装饰奖。

中心外观

# 工程简介

青岛海尔全球创新模式研究中心位于山东省青岛市崂山区东海东路以南，东临极地海洋世界。外观造型为冰山，被称为“冰山之角”。建筑创意新颖，功能合理，充满现代气息和地方特色，是青岛标志性建筑物之一。

# 设计特点

集科技研发、技术创新、专家办公、实验、成果发布等于一体的综合体。外立边以钻石、冰凌等为设计元素，以创新、突破、“冰山之角，可以无穷”作为设计思想，以不规则的几何体反映科技研发的本质，体现出现代、超前、工业感的设计效果，体现了海尔的企业文化，体现出青岛市的海洋文化。

| 楼层 | 使用功能情况 |
| --- | --- |
| 一层 | 序厅、艺术馆、水吧、创新体验中心、展览馆、公共卫生间 |
| 二层 | 商学院、阅览区、创客公社、报告厅、休息厅、教研办公室、科学家工作室、接待区、公共卫生间等 |
| 负一层 | 电梯厅、IMAX 影厅、餐厅、车库 |
| 负二层 | 电梯厅、车库 |

# 主要功能空间

## 创新体验中心一层大厅

### 材料

异形南斯拉夫白大理石墙面、复合石材异形门。

### 设计

作为室外到室内的过渡空间，一层大厅是空间设计的重中之重，而形象墙则是空间的点睛之笔。在现代几何多面体风格背景下，通过几何块面处理，使形象墙与整体建筑风格统一。材质以充满科技感的南斯

研究中心背景墙

中心内吊顶

序厅通道与扶手

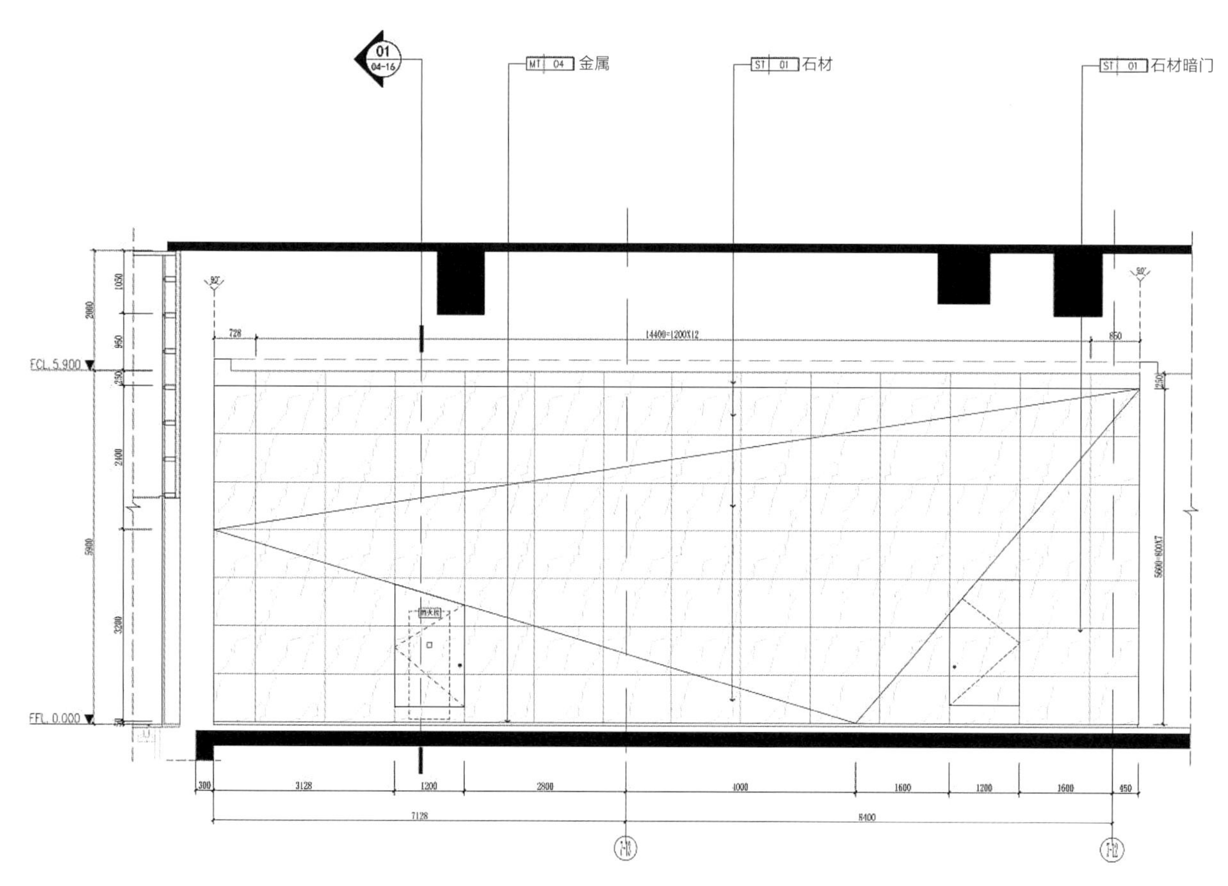


一层序厅背景墙立面

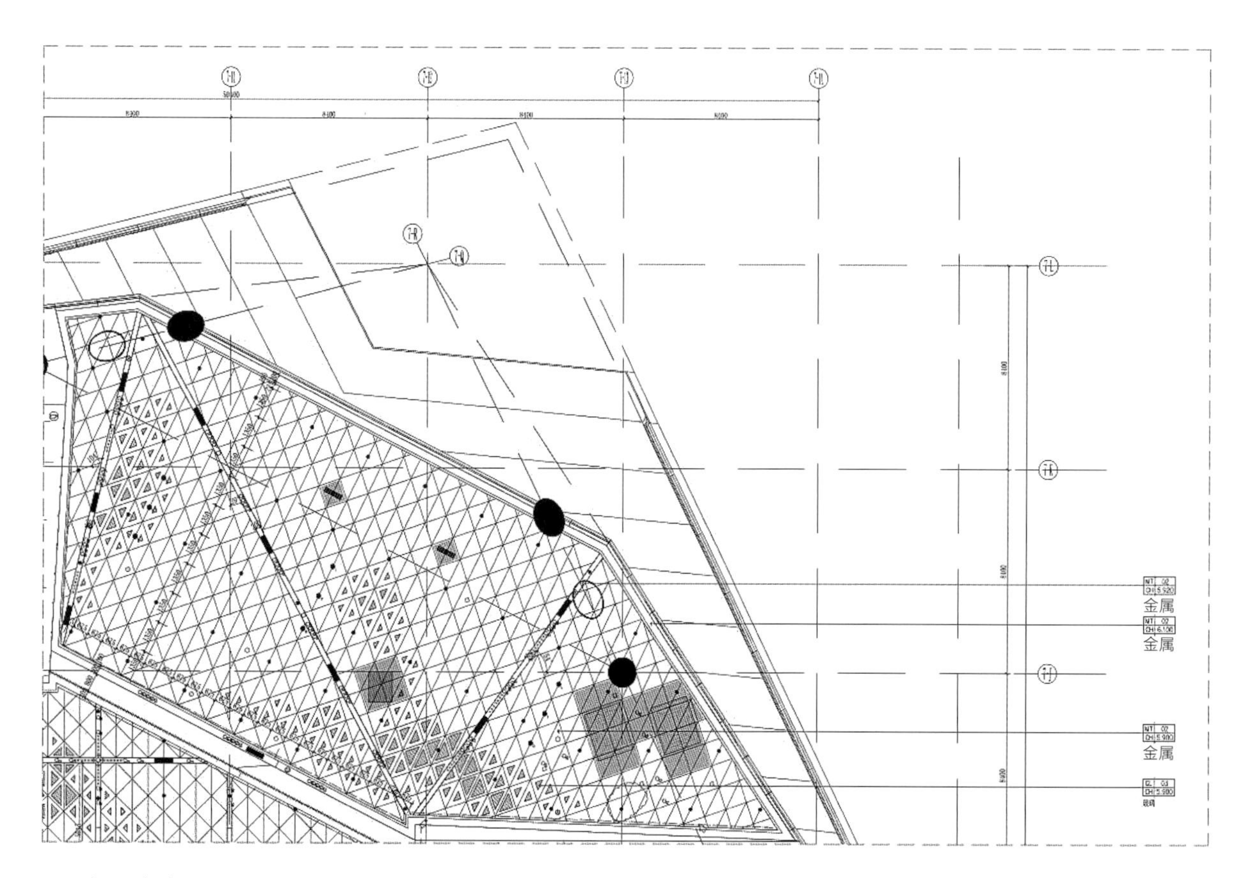


一层序厅顶棚布置

拉夫白色大理石作为主要装修材料。白色大理石冰冷、深邃的质感，科技、前卫的异形造型，使整个空间风格更加明显。在消防栓、检修通道的遮挡上，采用复合石材异形门，保证整体风格效果。

### 工艺

此区域为整个空间的形象轴，背景墙采用用南斯拉夫白大理石干挂工艺，消防栓及配电室暗门为减轻重量采用铝合金复合石材，暗门与石材所形成的三角折线一致，隐形门采用滑轮配重，可自动关闭，关闭后与石材背景墙刚好吻合，兼顾美观与实用。

## 创新体验中心序厅吊顶

### 材料

三角形铝板、三角形 LED、集成灯带、白色冲孔铝板。

### 设计

序厅吊顶的设计，保证空间延展性和使用寿命。所以在设计之初，就考虑使用金属材质的装饰材料。每一块吊顶的三角形金属造型、LED 灯、集成灯带等，既满足功能，又可取得良好的装饰效果，令整个空间充满科技感。

商务中心异形吊顶

### 工艺

顶面吊顶采用三角铝板，中间长方形凹槽集中烟感、轨道灯、空调出风口多种功能，兼顾整体美观效果。三角形LED灯箱采用一体式设计，内藏LED灯珠，面饰软膜，发光均匀且安装便利。

## VIP通道

### 材料

镀钛拉丝不锈钢。

### 设计

VIP通道的设计首先要满足功能需求，其次体现设计风格。所以楼梯扶手的设计显得至关重要。简约干练的线条，科技雅致的色彩，是楼梯扶手设计的初衷，最终呈现的效果也令人眼前一亮。

### 工艺

通道区镀钛钢带扶手造型简约大气，兼顾实用功能的同时又起到点缀的作用。顶面三角铝板与白色柱体通缝准确，协调统一。

## 商务中心

### 材料

白色菱形铝方通异形吊顶。

### 设计

由于建筑设计的原因，本空间的吊顶正好处于一个菱形尖角的位置，从菱形中轴上看，两侧的转折面向后延伸，宛若大鸟张开的翅膀。空间商务接待、商务洽谈的功能，要求必须打造一个愉快、放松的环境氛围。所以，在吊顶的设计上，采用更多的笔直线条，来打造深邃、放松的视觉效果。

### 工艺

商务中心白色菱形铝方通吊顶的菱形单元为工厂预制，现场根据垂直放线定位安装，保证单元尺寸一致。菱形中轴两侧上折的安装工艺，受力结构经过多次验算，重点部位在龙骨内侧进行强化结构处理。

## 海尔商学院

### 材料

冲孔木饰面、铝板。

### 设计

现代风格如何体现学术氛围，是本空间的设计重点。简练的线条营造出整体氛围，暖色的搭配体现厚重感。在装饰材料的选择上，使用吸声的冲孔木饰面面板，保证功能效果。

### 工艺

海尔商学院顶面采用冲孔铝板、墙面采用冲孔木饰面，且基层均做隔声处理，兼顾美观及吸声效果。两侧异形石膏板墙面折线位置及角度配合音响位置，增强现场音响环绕效果。

## 创客空间

### 材料

木纹转印铝方通格栅、磨砂玻璃立柱。

### 设计

以创客团体为受众，打造其使用空间，空间指向性明确：将一群有丰富创意和想法的人集中在一起，享受空间氛围，进而让他们迸发灵感。这对设计师提出了要求。灵动的空间设计是希望打造的最终效果。在装饰手法上，运用玻璃和木作，冷暖结合，

海尔商学院

创客空间

疏密对比，一个崭新的空间效果出现在眼前。

### 工艺

此区域采用木纹转印铝方通格栅与磨砂玻璃立柱装饰。磨砂玻璃立柱为 U 型对扣安装，接缝处满打玻璃胶收口，保证稳固性。木纹转印铝方通既保留了木材的装饰效果，又能防止木材因环境变化造成的变形。磨砂玻璃在保证光线通透的同时，将办公区与创客区做了最好的空间沟通。

## 专家实验室

### 材料

木纹转印铝方通格栅、磨砂玻璃立柱。

办公区电梯厅

### 设计

以现代风格手法来表现。空间在整体布局下，以简约的软装配饰为主体，辅以通透的隔断，营造科技感丰富的空间体验。

### 工艺

此区域踏步为南斯拉夫白大理石，平台地面为方形块毯斜拼，平台顶面斜柱子为氟碳喷涂饰面。与其他区域白色铝柱子视觉效果一致。

## VIP 办公区电梯厅

### 材料

玫瑰金不锈钢收边、樱桃木饰面、硬包饰面及 50mm 高深灰色喷砂不锈钢踢脚线。

### 设计

简约、大方、灵动一直是对空间的把握，电梯厅的设计延续整体设计风格，保证功能的基础上，提高装饰效果。在空间色彩的运用上，黑白的色彩搭配，既现代又富有变化。材质上镜面的黑色和哑光的白色相得益彰，烘托出空间的科技氛围。

### 工艺

欧式风格的主题区为集电梯厅、服务台于一身的功能性空间，地面采用白玉兰大理石、中欧米黄大理石、金镶玉石材，三种石材成条状排布，墙面采用欧式线型石材门套与白玉兰石材墙面加石膏线吊顶造型，彰显欧式装饰特色，与其他区域形成不同的观感效果。

## VIP 接待室

### 材料

壁纸、白色混油木饰面、石膏线、大理石柱体、大理石地面。

### 设计

欧式风格独有的庄重、典雅，适合本空间表达。装饰手法上更多地采用木质和暖色调来搭配空间，使人身处其中，心态平和。

### 工艺

此区域欧式柱体石材与欧式白木饰面的穿插运用，加以壁纸的巧妙结合，大理石地面的点缀，欧式石膏线的衬托，将欧式风格体现得淋漓尽致。

## VIP 办公区公共区域

### 材料

白玉兰石材、金镶玉石材、中欧米黄石材。

VIP 接待室

公共区域

空间一角

### 设计

办公区的设计采用欧式风格，营造舒适温馨的空间。

### 工艺

深色壁纸与欧式白木饰面的色度对比，加以地面石材造型的巧妙呼应，整体欧式风格空间温馨、静雅。

## VIP 办公室

### 材料

实木地板（盘龙）、白色木饰面。

### 设计

建筑位置对环境的选择，很大程度上决定了室内空间的设计。本空间位置绝佳，将室外景色引入室内是设计的重点。将室内打造的欧式风格与室外天然景色对比，严谨与自然相得益彰，让人们在工作之余享受工作、放松心情。

### 工艺

欧式设计风格，整体空间温馨、静雅。人字拼实木地板是重要的节点。人字拼容易产生尺寸累计误差，在安装过程中需要不断调整，最终呈现完美效果。

## I MAX 厅

### 材料

冲孔铝板、铝板、内藏灯光、吊顶石膏板平贴棉板。

### 设计

影厅在设计功能要求上以防火吸声降噪为主。空间墙面三角形不规则装饰效果，呼应了建筑的其他空间，波浪形的排列方式提高了声效。材质本身的吸声特点保证了影音效果。

I MAX 厅

## 工艺

采用金属基础结构安装，延续建筑的结构美。同时造型集成照明、吸声等必要功能，雕塑式异形立体造型在安装时更加注重尺寸的精准。材料加工过程需要结合放样与图纸反复比对，严格控制成品与安装误差在 5mm 以内。

# 餐厅

## 材料

墙面金属木纹转印造型、木纹石、地砖。

## 设计

墙面三角形木纹转移造型与一二层顶面三角形造型风格一致。相同的三角形铝盒利用反正面两种不同的安装方式，将室内三角形装饰元素呈现为另一种效果。

餐厅

### 工艺

采用三角铝板组合造型，两组三角型铝板（凹槽与平面无序组合）组成一个完整的正方形，便于基础龙骨的安装与调整。

## 二层学术报告厅

### 材料

吊顶为白色穿孔铝板；主席台地面为木地板，观众席为地毯；墙面为三角形木饰面与冲孔相间，硬包基础上木饰面条块成序列分布，LED 灯带。

### 设计

在庄重的基础上寻求更多轻松的元素。墙面和吊顶的异形造型，给人以指向性的强烈视觉冲击，既保证功能要求，又富有变化。元素的提炼源自建筑本身，整体协调统一。

### 工艺

报告厅吊顶采用石膏板及穿孔铝板的异形吊顶，并设置轨道灯及灯带，照明形式多样，以满足空间的多

学术报告厅

功能适用性，提高空间的使用可能性。观众席地面铺设地毯、主席台地面铺设实木地板、墙面采用吸声板木饰面及硬包以达到整场声效要求。

## 二层公共区域

### 材料

三角形铝板、三角形 LED、集成灯带、白色冲孔铝板。

### 设计

吊顶的设计较之一层大厅有明显变化，在保证空间延展性的同时利用两个长边顺势形成优美弧线，使两端翘起。空间的设计感十足，既满足功能，又取得良好的装饰效果。

### 工艺

顶面吊顶采用三角铝板，中间长方形凹槽集成烟感、轨道灯、空调出风口多种功能，兼顾整体美观效果。工艺难点在于每个点位弧度数据的测算，为此采用 Sketchup 图示进行比对测量，加工与安装难度较大。

## 中庭

### 材料

水景、白麻石板、石灰岩青石原始雕凿、绿植。

### 设计

160m$^2$ 的中庭花园，是建筑的点睛之笔，透过庭院内水景、绿植、顽石的搭配，使整个建筑可以安静呼吸。在室内外充满科技感的造型映衬下形成强烈反差，衬托中庭的幽、静、雅、美。

二层公共区域

中庭景观

# 海信广场二期装饰装修工程

**项目地点**

山东青岛市东海路 50 号，南临奥帆中心，北接香港中路

**工程规模**

总建筑面积约 143639m$^2$

**开竣工日期**

2014 年 12 月 20 日 ~ 2015 年 4 月 30 日

**社会评价**

青岛海信广场是国内著名高级百货店，有“亚洲最漂亮百货店”的美誉。海信广场二期扩建项目秉承高端定位，完善品牌与品类组合，优化“高级百货店 +MALL”的业态功能，建设成为融商业、休闲、餐饮和其他公共服务于一体的高端商业购物中心，提供便捷、舒适、高端、愉悦的购物体验，提升青岛市东部商圈的集聚能力。

广场外立面

# 工程简介

海信广场二期扩建工程将 3 层商业扩建为 4 层，东南侧新建了 5 层商业建筑，新建建筑延续了海信广场一期的风格。楼顶增设大量绿化设施，建设空中花园。项目扩建后，用地面积增加 3100m$^2$，总建筑面积达到 143639m$^2$。海信广场已不局限于做一家高端百货店，而是以对设计细节的打磨而追求一种艺术感、一种极致感，力求整体成为一件艺术品。

# 重点分项工程

## 铝单板包柱

### 简介

海信广场公共区域内部立柱较多，直径较大（800mm）且位置也不规则，既阻碍空间的流动感，也令人觉得杂乱。改扩建采用不同装饰风格的铝单板包柱，实现了与商场内部装饰风格的协调。通过立柱上的灯光设置，增添立柱的变化，极具现代感。

### 设计

为符合商场整体平静、奢华的氛围，柱身整体采用白色弧面铝板造型（局部为双曲面），并配以柔和、流畅线条状亚克力灯箱，柱脚采用不锈钢踢脚收口。设计上精巧构思，将立柱设计成多种样式，看上去更具科技感，时尚清新，让人在不同区域产生不同但又似曾相识的感受，让空间变得更加轻盈而富有变化。

### 材料

铝单板、亚克力、不锈钢、LED 灯带等。

### 技术难点、重点、创新点分析

铝板包柱为白色弧面铝板造型，铝板为 2mm 厚粉末喷涂铝单板，局部为双曲面，对铝单板加工尺寸要求较高。为保证安装后的效果，铝单板采用专用模具在工厂加工成型，对加工质量进行严

广场内部公共区域

铝单板包柱

格控制，曲率半径加工误差控制在 1mm 以内。为保证安装方便可靠，在铝单板上设置了专用铝合金挂件。考虑商场距离海边较近，为防止腐蚀，龙骨采用热浸镀锌方钢管，有效保证安装后的铝单板曲线流畅、色泽一致、固定牢靠。立柱上配以线条状亚克力灯槽，内藏 LED 灯带，打光均匀柔和。柱脚采用不锈钢踢脚收口，不锈钢踢脚收于立柱内侧，接缝平整、均匀，高度一致。

## 铝单板包柱施工工艺

### 施工准备

• 劳动力准备

到位工种：焊工、安装工、运输工。

在开工前，对工人做好安全文明教育，向工人叙述分项工程主要施工要点。

• 材料准备

在现场施工前做好铝单板加工图纸制作、订购、运输、仓储工作。

材料运输途中，必须采取防震、保护措施，并做好固定。

• 施工机具准备

电锯、钳子、螺丝刀、卷尺、钢尺、钢水平尺等。

### 工艺流程

放线→埋设后置埋件→安装连接件→安装龙骨→安装铝板。

**放　　线**　固定钢骨架，将骨架的位置弹到基层上，确定后置埋件埋设位置。骨架固定在主体结构上，放线前检查主体结构的质量。

**埋设后置埋件**　在结构柱上根据后置埋件埋设位置钻孔，采用膨胀螺栓固定后置埋件。后置埋件标高位置偏差不大于 10mm，水平位置偏差不大于 20mm。

**安装连接件**　在主体结构柱上焊接连接件固定骨架。

**安装龙骨**　安装骨架位置准确，结构牢固，骨架焊接后进行防腐处理。安装完检查中心线、表面标高等。

**安装铝板**　铝板的安装固定要牢固可靠、简便易行。

板与板之间的间隙要进行内部处理，使其平整、光滑。

铝板安装完毕，易污染的部位用塑料薄膜或其他材料覆盖保护。

## 玻璃栏板

### 简介

商场中庭及扶梯玻璃栏板采用弧形透明夹胶玻璃及白色可耐丽材料，立柱采用成型不锈钢立柱，底部设置

弧形玻璃栏板

埋板和连接件，采用不锈钢螺栓连接固定，安全可靠。

## 设计

弧形夹胶玻璃配以白色可耐丽扶手，整体统一，线条流畅，清新亮丽。玻璃栏板收于扶梯处，保证安全。玻璃栏板采用弧形透明玻璃，采用 PVB 胶片干法合片，曲面平滑，过渡自然。白色可耐丽在工厂采用专用模具加工成型，现场与不锈钢立柱采用自攻螺钉固定，流线顺畅，拼缝密实，安全可靠，美观靓丽。

## 材料

白色可耐丽、不锈钢立柱、透明弧形夹胶玻璃等。

## 技术难点、重点、创新点分析

玻璃栏板扶手采用弧形可耐丽人造石，饰面施工难度较大，要求施工过程中放样准确，玻璃和可耐丽弧度协调一致，制作要求高，弧形板块加工和安装精度要求高，板块接缝处理和扶手面层打磨处理难度大。制作准确的定位模板，形成成品扶手单元块，严格按技术要求进行接缝处理并对加工好的扶手单元块进行集中初步打磨。

## 玻璃栏板施工工艺

### 施工准备

· 劳动力准备

到位工种：焊工、安装工、运输工。

在开工前，对工人做好安全文明教育，向工人叙述分项工程主要施工要点。

· 材料准备

在现场施工前做好可耐丽人造石和玻璃的加工图纸制作、订购、运输、仓储工作。

材料运输途中，必须采取防震、保护措施，固定牢靠。

· 施工机具准备

电锯、螺丝刀、卷尺、钢尺、钢水平尺等。

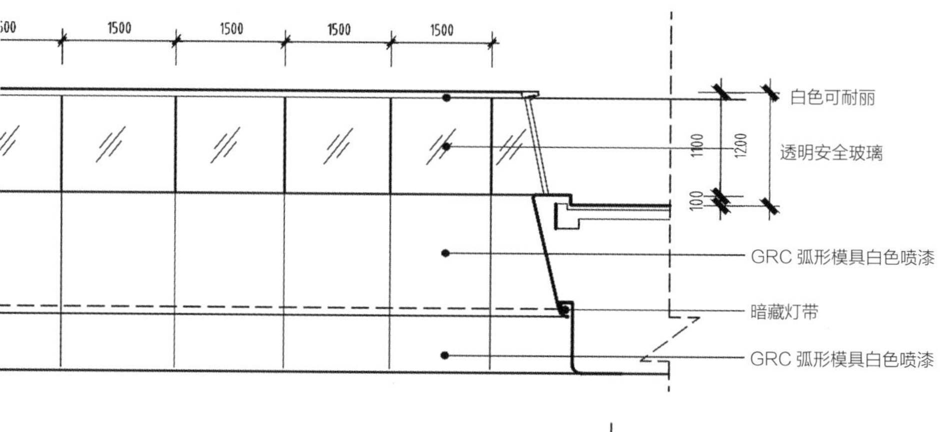


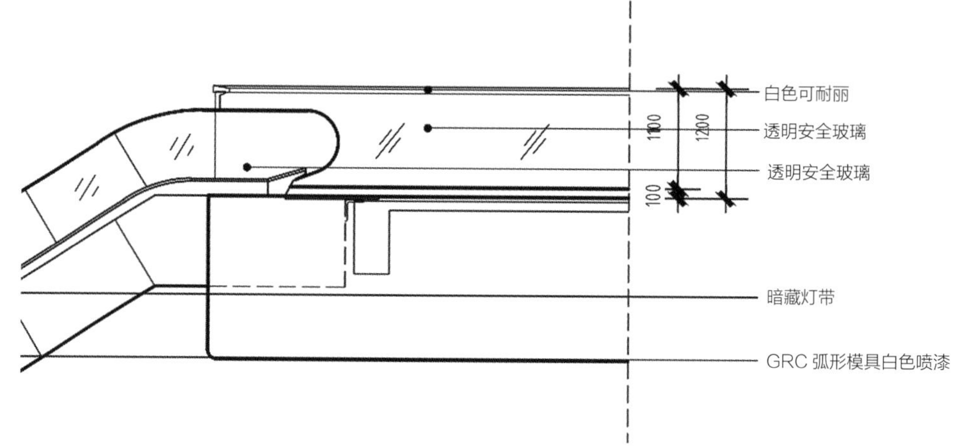


玻璃栏板、扶手施工示意图

### 工艺流程

放线→埋设后置埋件→安装钢立柱→安装可耐丽→安装玻璃→表面清洁。

**放　　线**　复查移交的基准线，放标准线。在每一层将室内标高线移至施工面，并进行检查；在埋件安装前，应首先对建筑物外形尺寸进行偏差测量，根据测量结果，确定栏杆安装的基准面。以标准线为基准，按照图纸将分格线放在梁上，并做好标记。

**埋设后置埋件**　骨架固定在主体结构上，放线前检查主体结构的质量。检查定位无误后，按图纸要求在安装后置钢板处钻孔、安装膨胀锚栓。后置埋板安装就位并紧固。

**安装钢立柱**　按照立柱位置将不锈钢立柱采用氩弧焊焊接在后置埋件上。要求钢立柱连接可靠、牢固，垂直度不超过 1mm。

**安装可耐丽**　将加工好的可耐丽人造石扶手采用螺钉连接在不锈钢立柱上，要求连接牢固，拼缝密实平整。

**玻璃安装**　将加工好的弧形玻璃按照图纸要求连接在不锈钢立柱的角码上，安装牢固稳定。

**表面清洁**　对整体栏板进行卫生清洁。清扫时先用浸泡过中性溶剂（5% 的水溶液）的湿纱布将污染物等擦去，然后再用干纱布擦干净，禁止使用酸性或碱性洗剂。

## 成品保护

可耐丽加工与安装过程中，应特别注意轻拿轻放，不能碰伤、划伤，加工好的铝材应贴好保护膜和标签。

加强半成品、成品的保护工作，保持与总承包单位的联系，防止已安装好的栏杆受划伤。

质检员与安全员紧密配合，采取措施做好半成品、成品的保护工作。

在靠近安装好的玻璃栏杆处安装简易的隔离栏杆，避免施工人员对玻璃有意或无意的损坏。

材料、半成品应按规定堆放，安全可靠，并安排专人保管。

弧形玻璃栏板局部

# 青岛丝路协创中心装饰装修工程

**项目地点**

山东青岛市李沧区铜川路与龙水路交汇处

**工程规模**

总建筑面积约 15000m$^2$

**开竣工日期**

2017 年 8 月 10 日 ~ 11 月 10 日

**社会评价**

在国家“一带一路”规划中，青岛被定位为新亚欧大陆桥经济走廊主要节点城市和海上合作战略支点，而丝路协创中心的建设，便是青岛抢抓“一带一路”机遇，在更大范围、更宽领域、更高水平上集聚全球资源的生动实践。中心涵盖国家经贸联络中心、便民签证旅游咨询服务中心、丝路国际会议中心、综合管理中心等功能分区，中心园区涵盖外籍代表居住区、喜来登五星级国际酒店、丽达国际购物中心、健身中心、丝路友谊湖公园、绿城餐饮酒吧休闲广场、教育医疗等。

丝路协创中心

# 工程简介

青岛丝路协创中心位于青岛市李沧区东部，占地 200 亩（约 13.3hm$^2$），共分两期推进。一期总部大楼共 15 层，办公面积 1.5 万 m$^2$。项目主要为大堂、接待区、办公室、展示馆、会议室和服务中心等区域的装饰装修。

# 主要功能空间

## 大堂

### 简介

大堂位于建筑一层，面积 820m$^2$，设有迎宾区、接待区等。大堂装修富有异国情调，线条流畅，简洁明快，让人充满想象。

### 设计

对内部的立柱进行了奇异构思，设计灵感来源于非洲草原参天古树，通过木纹转印格栅设计，将树的形象导入设计中，给人以树木遮蔽的切实感受。对立柱柱脚采用极具非洲特点的彩条布绳进行包裹，让人仿佛置身广阔的非洲草原。地面采用土耳其灰大理石铺贴，增添了大堂的稳重与时尚。灯光透过格栅，如同从树木的枝干中发出，点点灯火让人感受到魔幻与瑰丽。

### 材料

土耳其灰大理石地面、木纹转印铝格栅、灰色铝板、筒灯等。

### 技术难点、重点、创新点分析

立柱和顶棚采用弧形木纹转印铝格栅，且弧形格栅曲率半径不同。为达到理想的装修效果，需要对格栅的弯弧尺寸精度进行控制，要求曲率半径误差不能超过

大堂入口

1mm，且格栅弯弧后不得变形。为了保证加工精度，铝合金格栅在工厂加工制作，采用专用弯弧设备进行弯弧并校正，有效保证铝合金格栅的尺寸精度。安装时采用专用铝合金挂件挂接，实现了对挂件的有效隐藏。在运输和安装过程中，采取有效保护措施，避免由于外力的影响造成铝合金格栅变形，保证装饰效果。

### 弧形铝合金格栅施工工艺

#### 施工准备

· 劳动力准备

到位工种：安装工、运输工、杂工。

在开工前，对工人做好安全文明教育，进行技术交底。

· 材料准备

在现场施工前做好材料订购、运输、仓储工作。

铝合金格栅在运输过程中，要注意垫置、平放，防止翘曲、变形。

· 施工机具准备

电锯、无齿锯、手锯、手枪钻、螺丝刀、方尺、钢尺、钢水平尺等。

**工艺流程**

施工放线→固定连接件→安装铝合金格栅。

**施工放线** 根据铝合金格栅的平面、立面图，弹出构件材料的纵横布置线、造型较复杂部位的轮廓线，以及吊顶标高线，同时确定并标出吊顶吊点。

**固定连接件** 按设计要求采用金属膨胀螺栓固定连接件。

**安装铝合金格栅** 铝合金格栅就位后进行调平，采用自攻自钻螺钉将铝合金格栅连接在吊顶连接件上，要求连接平整、牢固。

铝合金格栅吊顶

铝合金格栅包柱

展馆内景

展馆

**简介**

大堂位于建筑七层，面积 720m$^2$。设有序厅、中国梦丝路梦、丝路纵横各国风采、投资丝路四个主题展示区。装修简洁明快，富有现代感。

**设计**

通过球面、弧面等造型和灯光的巧妙运用，依托高科技展示终端，规划出通往异国他乡的通道。黄色的陆地和蓝色的海洋仿佛向世人发出了召唤。不锈钢吊顶与地胶板地面呼应，画出了一道道连接中外的长河。

**材料**

石膏板、铝合金方通、1.5mm 厚镜面不锈钢、地胶板、乳胶漆、轻钢龙骨、18mm 阻燃板、集成灯带、射灯等。

展馆环幕

## 技术难点、重点、创新点分析

局部吊顶采用镜面不锈钢。不锈钢安装平整度要求较高，要求不超过 0.5mm，否则易出现倒影、变形、扭曲现象。为保证镜面不锈钢的平整度，基层板采用 15mm 厚阻燃板，并要求阻燃板的含水率不超过 10%。

## 不锈钢吊顶板施工工艺

### 施工准备

· 材料准备

在现场施工前做好材料订购、运输、仓储工作。

铝合金格栅在运输过程中，要注意垫置、平放，防止翘曲、变形。

胶黏剂：应按主材的性能选用，使用前做黏结试验。

· 主要机具

电锯、无齿锯、射钉枪、手锯、手刨子、钳子、螺丝刀、方尺、钢尺、钢水平尺等。

## 工艺流程

弹顶棚标高水平线→安装主龙骨吊杆→安装主龙骨→安装次龙骨→安装基层板→安装不锈钢板。

## 施工工艺

**弹顶棚标高水平线**　根据设计标高，沿墙四周弹顶棚标高水平线，并沿顶棚的标高水平线，在墙上画好龙骨分档位置线。

**安装主龙骨吊杆**　在弹好顶棚标高水平线及龙骨分档位置线后，确定吊杆下端头的标高，安装吊杆。安装选用膨胀螺栓固定到结构顶棚上。吊杆选用规格符合设计要求，间距小于1200mm。

**安装主龙骨**　主龙骨间距为 900 ~ 1200mm。主龙骨用与之配套的龙骨吊件与吊杆相连。

**安装次龙骨**　次龙骨间距为 400mm，采用挂件与主龙骨连接。

**安装基层板**　15mm 阻燃板与轻钢骨架固定采用自攻螺钉，在已装好并经验收的轻钢骨架下面 ( 即做好隐蔽验收工作 ) 安装阻燃板，板用自攻螺钉固定，固定间距板边为 200mm，板中为 300mm。自攻螺钉固定后点刷防锈漆。

**安装不锈钢板**　在基层板上满涂胶黏剂，将镜面不锈钢板黏结在 15mm 阻燃板上。

镜面不锈钢吊顶

# 山东大学图书馆装饰装修工程

**项目地点**

山东即墨市东部鳌山卫镇辖区内，滨海公路以东，柴岛路以北

**工程规模**

总建筑面积 81627.47m$^2$，桩基基础，框架 - 剪力墙结构，地下 1 层，地上 12 层，建筑高度 66.3m

**开竣工日期**

2016 年 7 月 24 日 ~ 2017 年 8 月 31 号

**社会评价**

山东大学图书馆是学校的信息资源和文化中心，内部装修设计改变了以往的单调模式，在建筑内部营造丰富多变的藏阅空间以“活化”图书馆，以各种尺度的空间变化满足多种使用要求，以多层次的空间组合促进交流互动，成为培养学生学习自主性和创造性的第二课堂。

图书馆外观

大中庭（俯视）

# 工程简介

山东大学图书馆位于校园的核心位置，包括基本书库、网络中心机房、报告大厅及阅览室等，是一座集藏书、阅览、教学、科研、培训、数据及文献信息检索等功能于一体的多功能、现代化图书馆。建筑外立面以石材为主，采用欧式古典建筑的构图形式，顶部采用具有青岛特色的蒙莎顶。

作为亚洲高校单体面积最大的图书馆，山东大学图书馆是校区地标性建筑。建筑外形气势宏伟，以东方的伦理整合校园的主题空间环境，会同山海气韵，学生会堂之“仁悦”与博物馆之“礼成”相向汇聚于校园之中，内蕴的图书馆“贵和尚中”，包容中西，物化了“仁礼相成”的环境特质，文化生态在此与自然相融。

# 主要空间介绍

## 大中庭

### 简介

本空间作为项目的重点空间，是空间效果、设计风格的重要保证，较以往更加注重人、自然环境、科学管理及未来发展等因素。

### 设计

综合国内外各大院校的设计理念，以及本校的历史底蕴，在设计色彩的运用上，以白色、米黄色为主色调，搭配点缀绿色、蓝色，使空间充满现代感与灵动性。在空间布局上，将花坛引入室内，增添空间绿色与生命活力，令空间活泼起来。各层栏板侧裙为白色 FC 穿孔吸声板，经过精密穿孔、饰面等处理后具有极佳的吸声功能，为开放式的阅读空间增添了一份宁静。不规则阅读沙发座椅的设计，变化多端，给人不同的阅读、学习体验。吊顶设计采用白色矿棉板暗藏龙骨吊顶，以取得完整统一、协调一致的装饰效果。

### 材料

沉香米黄石材、西西里米黄石材、咖啡木纹石材、FC 穿孔吸声板、栏杆等。

### 技术难点、重点、创新点分析

过道吊顶采用矿棉板，面积较大。矿棉板吊顶原采用 T 形明龙骨，易出现矿棉板与 T 形挂件间缝隙不均匀现象。而且由于龙骨明漏，造成吊顶不连续，装饰效果不佳。针对此问题进行了优化设计，将明龙骨改为暗龙骨。通过在矿棉板侧边开槽，龙骨翼边插入槽内，矿棉板实现了密封拼接，缝隙控制在 0.5mm 以内，保证了完整统一的装饰效果。

FC 穿孔吸声板作为新型的建筑板材，在建筑工程中运用较多，但在使用过程中因多种原因会产生开裂现象，影响装饰效果。由于 FC 穿孔吸声板直接用轻钢龙骨固定在结构表面，在主体结构裂缝所产生的强大压力作用下，最薄弱的接缝处和孔之间

大中庭（仰视）

过道吊顶

会因压力的作用而出现裂缝。同时，轻钢龙骨的优劣直接影响纤维水泥板接缝是否开裂。如果轻钢龙骨的厚度偏差较大，其力学性能将达不到国际标准要求，致使 FC 穿孔吸声板墙体刚性不够，在应力的作用下，端体出现开裂。同样，接缝材料的选择不当会影响板材接缝处理。与 FC 穿孔吸声板配套使用的接缝腻子，如果质量差，使用不了多久就会出现接缝开裂的情况。施工中，龙骨与主体、横竖龙骨间的连接采用了螺栓连接，这使得主体的变形不会对龙骨造成影响。另外，加强了材料的进场检验，要求轻钢龙骨尺寸符合国标。嵌缝腻子选取高弹性水泥嵌缝腻子，可有效抵抗因变形产生的局部开裂。对 FC 穿孔吸声板上的孔两端进行了倒边，可降低应力集中，降低开裂的风险。

## 工艺

### FC 穿孔吸声板施工工艺

#### 施工准备

FC 穿孔吸声板准备：用比色法对板材的颜色进行挑选分类，整个中庭部位 FC 穿孔吸声板的颜色应一致，并根据设计尺寸和图纸要求，将干挂 FC 穿孔吸声板配套铝挂件安装在背面，每块板材背面 6 个铝挂件；为保证铝挂件位置准确垂直，事先在 FC 穿孔吸声板背面按照横龙骨竖向间距 600mm 及 FC 穿孔吸声板长度等分尺寸弹十字交叉线，在十字交叉点上固定配套铝扣件，铝扣件采用 10mm 长、4mm 粗不锈钢螺钉固定在 FC 穿孔吸声板背面，铝扣件安装完毕必须复核其水平及垂直度。

#### 工艺流程

基层准备→测量放线→挂线→结构钻孔安装膨胀螺栓→连接角钢固定件→固定竖向钢龙骨→连接横向钢龙骨→连接横向铝龙骨→调节与固定→ FC 穿孔吸声板安装→水平垂直度调整→板缝处理→嵌密封腻子、清理表面。

#### 施工工艺

**基 层 准 备**　清理预做干挂 FC 穿孔吸声板饰面的基层表面，将墙体表面尘土、污垢清扫干净。

**测 量 放 线**　进行吊直、套方、找规矩，弹出垂直线和水平线。并根据设计图纸和实际需要弹出安装 FC 穿孔吸声板龙骨的位置线和分块线。

**挂　　线**　按设计图纸要求，FC 穿孔吸声板龙骨安装前事先用经纬仪打出大角两个面的竖向控制线，要求弹在离大角 20cm 的位置，以便随时检查垂直挂线的准确性，保证顺利安装。竖向挂线宜用 1.0 ~ 1.2mm 的钢丝，下边沉铁重量为 8 ~ 10kg，上端挂在专用的挂线角钢架上，角钢架用膨胀螺栓固定在中庭南北大角的顶端，一定要牢固、准确挂在不易碰动的地方，并要注意保护和经常检查。在控制线的上、下作出标记。

**龙骨安装**　预先用 M10 膨胀螺栓在结构面上固定 50mm×50mm×4mm 角钢，角钢及角钢上 50mm×50mm×3.5mm 竖向方钢管水平间距为 800mm。竖向方钢管安装时，必须通过从上往下吊的钢线进行复核，以检测其垂直度。方钢管安装完毕，再安装连接角钢及横向铝龙骨。横向铝龙骨竖向间距为 600mm。角钢与方钢管及横龙骨之间连接均采用 M10 螺栓。龙骨安装完之后用红外线水平仪检测横向铝龙骨是否水平，吊钢线检测其是否垂直，发现问题及时调整，将误差控制在最小。

**FC 穿孔吸声板安装**　将事先加工好的面板按照设计排板图悬挂于龙骨之上，面板与龙骨间用干挂 FC 穿孔吸声板配套铝挂件连接。先将同一水平层 FC 穿孔吸声板轻挂在龙骨上，通过上下贯通钢线及水平通线调整好面板的水平与垂直度，再检查板缝，板缝宽应按设计要求，板缝宽度均匀。满足要求后，将配套铝挂件上的 20mm 长、6mm 粗不锈钢螺钉拧紧后进行上层板材安装。

**板缝处理**　按照设计图纸，施工过程中通过对缝的水平、垂直检测，确保横平竖直。

FC 穿孔吸声板

**暗龙骨矿棉板施工工艺**

工艺流程

弹线→安装吊杆→安装主龙骨→安装副龙骨→起拱调平→安装矿棉板。

施工工艺

根据图纸先在墙上、柱上弹出顶棚标高水平墨线，在顶板上画出吊顶布局，确定吊杆位置并与原预留吊杆焊接，如原吊筋位置不符或无预留吊筋时，采用 M8 膨胀螺栓在顶板上固定，吊杆采用 $\phi 8$ 钢筋加工。

根据吊顶标高安装大龙骨，基本定位后调节吊挂抄平下皮（注意起拱量）；再根据板的规格确定中、小龙骨位置，中、小龙骨必须和大龙骨底面贴紧，安装垂直吊挂时应用钳夹紧，防止松紧不一。

主龙骨间距一般为 1000mm，龙骨接头要错开；吊杆的方向也要错开，避免主龙骨向一边倾斜。用吊杆上的螺栓上下调节，保证一定起拱度，视房间大小起拱 5 ~ 20mm，房间短向 1/200，待水平度调好后再逐个拧紧螺母，开孔位置需将大龙骨加固。

施工过程中注意各工种之间配合，待顶棚内的风口、灯具、消防管线等施工完毕，并通过各种试验后方可安装面板。

矿棉板安装：注意矿棉板的表面色泽，必须符合设计规范要求，核定矿棉板的几何尺寸，偏差在 ±1mm，安装时注意对缝尺寸，安装完轻轻撕去表面保护膜。

### 质量要求

吊顶标高、尺寸、起拱和造型应符合设计要求。
饰面材料的材质、品种、规格、图案和颜色应符合设计要求。
暗龙骨吊顶工程的吊杆、龙骨和饰面材料的安装必须牢固。
吊杆、龙骨的材质、规格、安装间距及连接方式应符合设计要求。金属吊杆、龙骨应经过表面防腐处理；木吊杆、龙骨应进行防腐、防火处理。
表面平整度：2mm；接缝直线度：1.5mm；接缝高低差：0.5mm。

## 电梯厅

### 简介

一层电梯厅宽敞明亮，适合多人候梯而不显拥挤，有效满足人员垂直运输的需要。

### 设计

地面为浅色大理石，吊顶采用穿孔矿棉板，设计集成灯带，综合点位布置整齐划一。墙面大量采用背漆玻璃和不锈钢装饰，明亮而通透，便于清洁。

电梯厅

## 材料

沉香米黄石材、多孔矿棉板、背漆玻璃、不锈钢板、镀锌钢龙骨、铝合金装饰条等。

## 技术难点、重点、创新点分析

背漆玻璃具有耐水性、耐酸碱性强，抗紫外线、抗颜色老化性强，色彩的选择性强，耐污性强，易清洗等特点，但作为墙面装饰材料时，因为易碎而存在安全性问题。通常做法是在墙面上安装基层板，然后将背漆玻璃黏结在基层板上。这种固定方式由于只采用了化学连接，安全性低，玻璃有可能脱落。为了提高玻璃的安全性，背漆玻璃在黏结于基层板上的同时，设置横向固定装饰条，通过压板将背漆玻璃压在基层板上，再扣装饰条，既美观又安全适用，很好地解决了墙面背漆玻璃的安全性问题。

## 墙面背漆玻璃施工工艺

### 工艺流程

测量放线→轻钢龙骨安装→木基层板安装→背漆玻璃安装→装饰条安装。

## 施工工艺

**轻钢龙骨安装** 墙身结构使用 50mm 轻钢龙骨，拼装框体为单向 300mm × 300mm。

轻钢骨架与建筑墙身的固定：木楔固定法。用 16 ~ 20mm 的冲击钻头在建筑面钻孔，钻孔的位置应在弹线的交叉点上，钻孔的孔距 300mm，钻孔深度不小于 60mm。在钻出的孔中打入木楔，木楔刷上防腐防火涂料，待干燥后再打入墙孔内；木楔逐层弹线切割找平、找垂直；将轻钢龙骨与木楔固定牢固。

**木基层板安装** 按基层尺寸下料，用 30mm 专用自攻螺钉，把防腐防火处理的木夹板固定在轻钢龙骨上。要求布钉均匀，钉距 300mm 左右。

**背漆玻璃安装** 在木夹板墙身，可进行饰面的基面上进行背漆玻璃安装：按设计图纸弹水平、垂直控制线，结构胶打点，双面胶临时固定，将背漆玻璃按排板编号下料，依次安装到位。

**装饰条安装** 安装背漆玻璃的压板和装饰条，完成墙面后进行成品保护。

背漆玻璃局部

# 青岛阜外心血管病医院改扩建工程装饰装修工程

**项目地点**

山东青岛市市北区南京路 201 号

**工程规模**

大楼建筑面积 70491$m^2$，其中地上 21 层，地下 3 层，人防建筑面积约为 4600$m^2$，建筑总高度 92.145m

**开竣工日期**

2015 年 9 月 15 日 ~ 2016 年 1 月 20 日

**社会评价**

医院以优良、精湛、先进的技术，优质、便捷、温馨的一条龙、人性化服务，赢得了社会的广泛信赖与赞誉。

医院外观

# 工程简介

青岛阜外心血管病医院是集医疗、查体、康复、教学、科研于一体的三级甲等专科医院，是山东半岛规模最大的心血管病专科医院。新建心脏中心大楼与老楼通过连廊相通。新大楼共设计有 600 个床位。新大楼四楼及以下为门诊区域，五楼及以上楼层分布着手术、检验、重症监护室和病房等科室。青岛阜外医院新大楼的设计实现了与北京阜外医院的对接，“相当于把北京阜外医院搬到了青岛”。

# 主要功能空间

## 病房大厅和护士站

### 简介

每层病房包括护士站和病人活动室，其中护士站面积 102.8m$^2$，病人活动室 20.8m$^2$。护士站注重人性化，与环境相融，让室内的使用者及周边的人都感到踏实、温暖。病人活动室体现了“以病人为本，以病人为中心”的护理理念。

### 设计

病房大厅地面设计为黄色地胶板，中央镶贴四块灰色地胶板；吊顶为跌级石膏板吊顶，面饰白色乳胶漆；墙面为白色乳胶漆，灯具为 LED 面板灯。墙、顶、地简洁、明快，材质分明，灯光柔和。

护士站服务台采用枫木色防火板柜体、石英石台面，服务台高度设计有高有低、错落有致，既满足正常成年病患的要求，又满足了孩童和坐轮椅等特殊病患的要求。高处服务台面的宽度满足放置整本病历的要求，方便填写病历、查床整理记录等。服务台电脑显示器放置区域采用下沉式设计，保证医务人员办公时视线处于平视状态，符合人体工程学要求。同时石英石

青岛阜外心血管病医院西立面

台面的所有阳角均作了较大的倒角处理，避免磕碰。台面上方为透光软膜灯箱，在保证服务台集中照明要求外，又可供挂置标牌等。

护士站背景墙和壁柜同样采用枫木色防火板、石英石台面。暖气罩采用特制的枫木色铝合金暖气罩，与周边的防火板颜色一致，保持整个墙面的统一性、整体性。护士站背景墙洗手盆台面做了加高挡水板(300mm 高 )，避免洗手时水溅到防火板上。手盆采用感应龙头，避免护士日常洗手频繁接触龙头手柄造成交叉感染等。壁柜下方单独设计了病历车的存放区域。

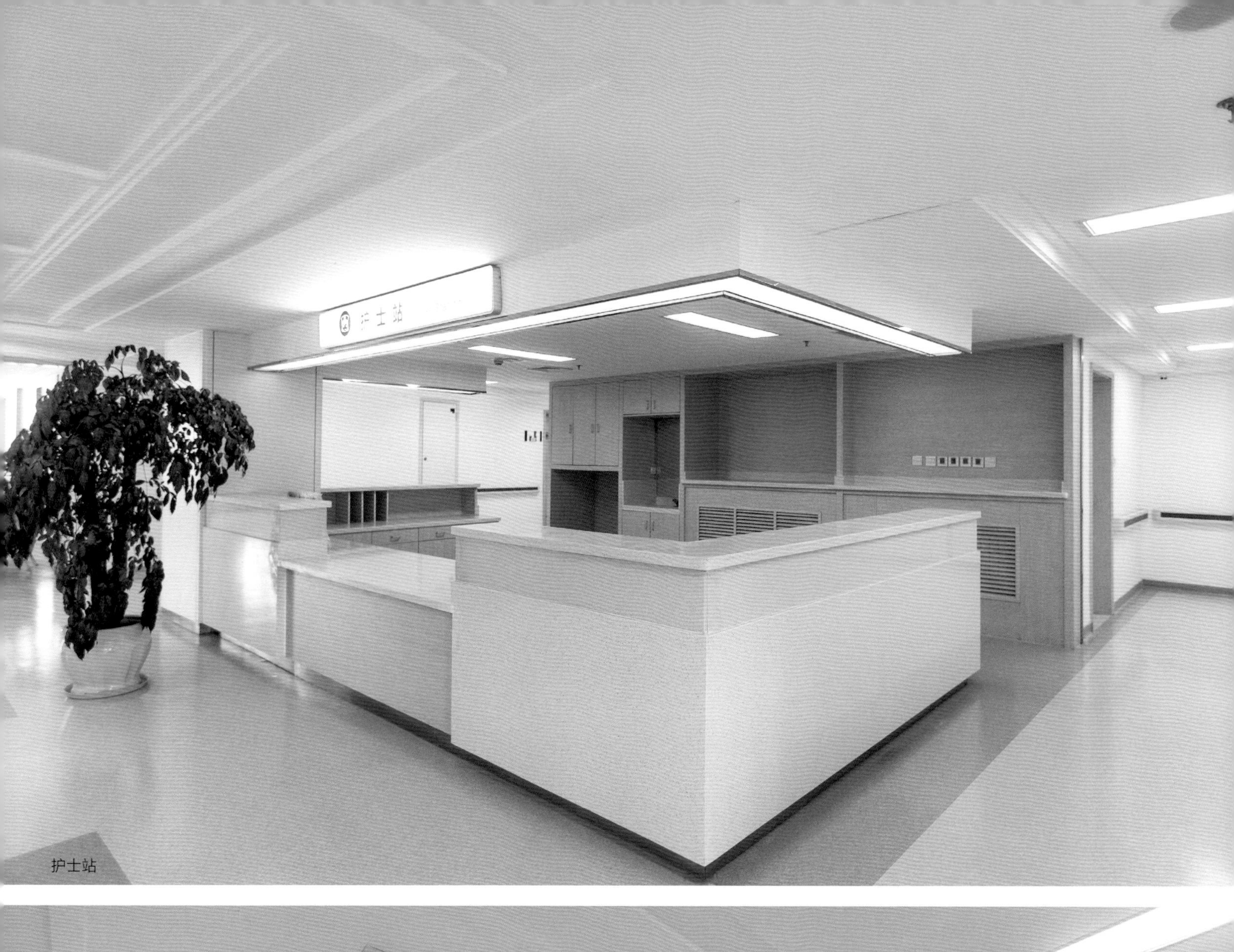


护士站

病房大厅

护士站吊顶

### 材料

防火板、抗倍特板、石英石、地胶、拉丝不锈钢、顶棚软膜、石膏板、医用防撞扶手等。

### 技术难点、重点、创新点分析

地胶板为弹性地材，厚度一般不超过 4mm，对地面的平整度要求较高。地面的好坏，影响并决定地胶板的功效和外观。

护士站顶部为跌级石膏板吊顶，吊顶上设置软膜顶棚，周边采用拉丝不锈钢收口，要求打光均匀，不锈钢收口条平整，拼接密实、精细。

### 工艺

#### 地胶板施工工艺

基层处理→自流平施工→预铺→地胶板安装→板缝焊接。

**基 层 处 理**　墙面、顶棚及门窗等安装完成后，将地面杂物清扫干净。清除基层表面起砂、油污、遗留物等。

清理干净地面尘土、砂粒。

地面彻底洁净后，均匀辊涂一遍界面剂。

**自流平施工** 检查水泥自流平是否符合有关技术标准，不得使用过期的自流平。

将适量自流平倒入容器中，按产品说明用洁净水将自流平稀释。充分搅拌直至水泥自流平成流态物。将自流平倒在施工地面，用耙齿刮板刮平，厚度约 2 ~ 3mm。自流平施工后 4h 内不得行人和堆放物品。

**预　　铺** 根据设计图案、胶地板规格、房间大小进行分格，弹线定位。在基层上弹出中心十字线或对角线，并弹出拼花分块线。在墙上弹出镶边线，线条必须清晰、准确。地板铺贴前按线干排、预拼并对板进行编号。

**地胶板安装** 先将地面基层用毛扫或干毛巾擦抹一遍，清除灰尘。

将胶黏剂用齿形刮板均匀涂刷在基层面上，将板材由里向外铺贴，一间或一个施工面铺好后用辊筒或推板加压密实。

板材铺贴好以后，根据气温情况判断胶黏剂干洁情况。

**板缝焊接** 焊接前将相邻的两块板边缘切成 V 形槽，采用与被焊板材成分相同的焊条，用热空气将焊枪温度调至 180 ~ 250℃进行焊接。

焊条冷却后用铲刀将高于板面的多余焊条铲切平整，操作时应注意不铲伤地板面。

### 跌级石膏板吊顶施工工艺

基层清理→测量放线→安装沿边龙骨→安装吊筋→安装主龙骨→安装次龙骨→安装纸面石膏板→安装软膜顶棚→安装不锈钢拉丝收口条→涂料基层→涂料施工。

**基层清理** 吊顶施工前将管道洞口封堵处清理干净，顶上杂物清理干净。

**测量放线** 根据每个房间的水平控制线确定吊顶标高线，并在墙顶上弹出吊顶龙骨线作为安装的标准线。

**安装沿边龙骨** 根据设计图纸和现场弹线高度安装 30mm × 40mm 沿边木龙骨，沿边龙骨在安装之前应做好防火处理。

**安装吊筋** 根据施工图纸要求和施工现场情况确定吊筋的大小和位置，吊筋加工要求钢筋与角钢焊接，其双面焊接长度不小于 40mm 并将焊渣清除干净，在吊筋安装前涂刷防锈漆。

吊筋焊接采用∟40mm × 4mm 角钢，吊筋采用 $\phi$ 8 镀锌钢筋。

顶棚骨架安装顺序是先高后低，角钢打孔后用膨胀螺栓固定在结构顶板上，膨胀螺栓采用 M10mm × 80mm。

吊筋间距 1200mm，安装时上端与预埋板焊接或者用膨胀螺栓固定牢固，下端套丝后与吊件连接。

根据现场弹线确定的吊点打孔，根据现场弹线确定的吊点安装吊筋。

**安装主龙骨** 吊顶采用 U50 主龙骨，吊顶主龙骨间距为 600 mm，沿房间长向安装，端头距墙 300 mm 以内；安装主龙骨时，将主龙骨用吊挂件连接在吊杆上，拧紧螺钉，主龙骨连接部分增设吊点，用主龙骨连接件连接，接头和吊杆方向错开。

根据现场吊顶的尺寸，严格控制每根主龙骨标高。检查龙骨的平整度，无悬挑过长的龙骨。

**安装次龙骨** 副龙骨间距为 400mm，两根相邻副龙骨端头接缝不在一条直线上；副龙骨采用相应的吊挂件固定在主龙骨上，副龙骨为 U50 型龙骨，根据吊顶的造型进行跌级安装。

采用吊挂件挂接在主龙骨上，将副龙骨通过挂件挂接在主龙骨上，在软膜顶棚处增设副龙骨。

次龙骨末端做折边，与沿边龙骨钉接，以维持龙骨架的稳定性。

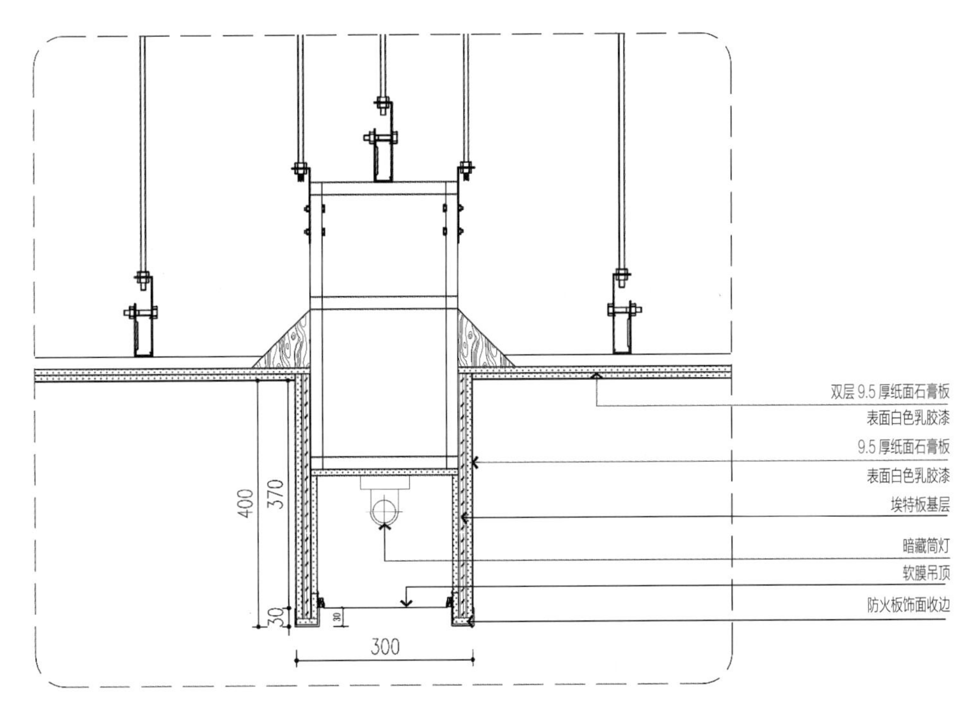


跌级吊顶节点图

**安装纸面石膏板** 石膏板应在自由状态下固定，长边沿纵向龙骨铺设，自攻钉间距有纸包封边为 10 ~ 15 mm，切割边为 15 ~ 20 mm，自攻钉间距控制在 150 ~ 170 mm，自攻钉钉头略埋入板面，刷防锈漆，按设计要求处理板缝。

**安装软膜顶棚** 先将软膜顶棚的专用 PVC 龙骨固定好，再安装软膜。先把软膜打开，用专用的加热风炮充分均匀加热，然后用专用的插刀把软膜张紧插到专用龙骨上，最后把四周多出的软膜修剪完整即可。安装完毕，用干净毛巾把软膜顶棚清洁干净。

**安装不锈钢拉丝收口条** 先用钉在收口位置固定一根木衬条，木衬条的宽、厚略小于不锈钢或铜线条槽的内径尺寸。再在木衬条上涂环氧树脂胶（万能胶），在不锈钢条槽内涂环氧树脂，再将该线条卡装在木材条上。

**涂料基层** 基层处理：内墙基层必须平整坚固，然后用砂纸打磨，打磨时注意不要破坏原基层。如有不平整，需要批嵌腻子进行找平。

抗碱封闭底漆的施工：对于新墙面必须待墙体完全干燥后（pH 值<10，含水率<10%）才能进行内墙乳胶漆的施工，如墙面碱性太大，需涂刷一遍抗碱封闭底漆对墙体进行封闭，避免产生泛碱现象。

**涂料施工** 待底漆完全干燥后，可进行内墙乳胶漆的施工。内墙乳胶漆先按产品使用说明用 20% ~ 30% 清水兑稀，缓慢搅拌均匀；然后用干净羊毛刷或辊筒均匀涂刷墙面，涂刷两遍，两遍之间至少应间隔 2h。

刷第一遍乳胶漆：乳胶漆用排笔涂刷。使用新排笔时，将排笔上的浮毛和不牢固的毛处理掉。乳胶漆使用前应搅拌均匀，适当加水稀释，防止头遍漆刷不开。干燥后复补腻子，干燥后用砂纸磨光，清扫干净。

刷第二遍乳胶漆：操作要求同第一遍。使用前充分搅拌，如不很稠，不宜加水，以防透底。漆膜干燥后，用细砂纸将墙面小疙瘩和排笔毛打磨掉，磨光滑后清扫干净。

刷第三遍乳胶漆：做法同第二遍乳胶漆。由于乳胶漆膜干燥较快，应连续迅速操作。涂刷时从一头开始逐渐刷向另一头，要上下顺刷、互相衔接，后一排笔紧接前一排笔，避免出现干燥后接头。

## VIP 病床间

### 简介

VIP 病床间面积 $30.8m^2$，拥有各项高端医疗设施，按照星级酒店标准配置，可满足国内外不同层次患者需求。

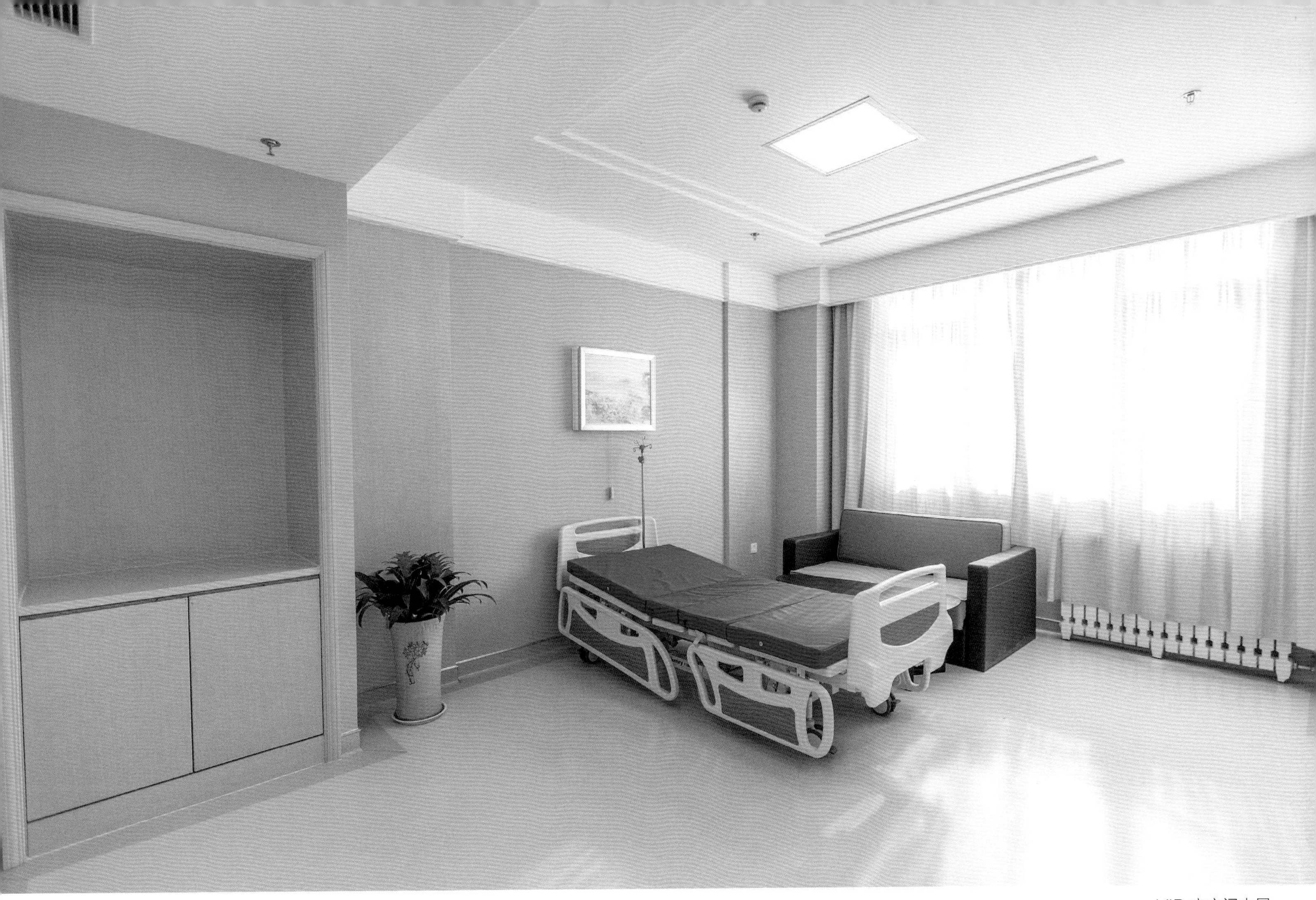

VIP 病床间内景

## 设计

地面为黄色系地胶，踢脚为地爬墙地胶踢脚，吊顶为石膏板吊顶，墙面设素雅风格壁纸，病床背景墙设置木饰面，医疗设备带设计为隐藏式，暖色系遮光窗帘、黄色系实木木门。整体设计为暖色系，温暖、舒服而精致。

## 材料

地胶、地爬墙地胶踢脚、乳胶漆、壁纸、木饰面、木门等。

## 技术难点、重点、创新点分析

墙面铺贴墙纸。由于室内设置各式橱柜，造成壁纸与橱柜处的收口较多，要求墙纸与橱柜框和踢脚板紧接，墙纸不得有缝隙，边缘平直整齐，不得有纸毛、飞刺。黄色地胶周边搭配灰色地胶串边及地爬墙地胶踢脚。地爬墙地胶踢脚基层采用专用铝合金衬板，确保基层的平整度、牢固性，同时铝合金成品板的外露断面又起到了踢脚板收口的作用。

## 墙纸施工工艺流程

基层处理→刷底漆→分幅弹线→裁纸→刷胶黏剂→粘贴。

**基层处理** 粘贴前，应将基体或基层表面的污垢、尘土清除干净，泛碱部位用百分之九的稀醋酸中和清洗。基层上不得有飞刺、麻点、砂粒和裂缝，阴阳角应顺直。表面平整，粘贴前打毛处理。基层清理后，在基层上打腻子，干后用砂纸打磨。

**刷底漆** 用环保清漆溶液等做底漆，涂刷基层表面。

**分幅弹线** 在室内正面向室内死角按壁纸幅面排幅，阳角处包角，阴角处搭接，并按分幅计划弹上垂线，编号注明，作为粘贴的基准线。

**裁纸** 根据墙面分幅尺寸，按壁纸图案拼花要求裁好纸，编上相应号码，两头预留 30 ~ 50mm 余量裁切，平放待用。

**刷胶黏剂** 先将工作台擦净，将裁好的壁纸背面向上放平，用大扁毛刷或辊筒均匀涂刷，并按上部三分之一、下部三分之二、胶面对胶面折叠后卷成筒备贴。

**粘贴** 将刷胶后的壁纸展开上部折叠部分，贴于墙上，沿基准线垂直（水平）贴于墙（顶棚）上，用塑料刮板或毛刷刮平，赶出气泡和多余的胶黏剂，用干净毛巾将壁纸缝擦净，最后用壁纸刀割去上下多余部分。

墙纸和橱柜

# VIP 卫生间

## 简介

VIP 卫生间面积为 7.3m$^2$，是人们洗去尘埃、消除疲倦的地方，也是舒解压力的场所，重视舒适性和安全性，讲究艺术性、健康性。

## 设计

病房卫生间坐便器旁边设置安全扶手及紧急呼叫按钮，以防突发情况发生；吊顶采用白色方形铝扣板，耐用、防潮、防腐、环保，且维修更换方便。

## 材料

墙面 300mm×600mm 墙砖，淋浴区陶瓷锦砖，地面 300mm×300mm 防滑地砖，方形铝扣板，石英石洗手盆台面，淋浴区大理石地面、银镜、扶手、洁具、卫浴五金、浴帘等。

## 技术难点、重点、创新点分析

卫生间淋浴区墙面为陶瓷锦砖。陶瓷锦砖粘贴易出现脱落、表面不平、瞎缝等质量通病，影响整个工程质量。卫生间门锁均无各自配套的专门钥匙，设计为用金属片或其他房门普通钥匙开启（病患在卫生间内出现突发意外情况时，门外的家属或医务人员可及时进入救助）。

VIP 卫生间内景

VIP 卫生间内景

## 墙面陶瓷锦砖施工工艺

### 工艺流程

贴灰饼→抹底层砂浆→弹线分格→排陶瓷锦砖→粘贴陶瓷锦砖→揭纸调缝→勾缝→擦缝清洗。

### 操作工艺

**基 层 处 理** 对于石膏砌体墙，先用粉刷石膏打底找平，刮环保型聚氨酯防水涂料。

对于石膏板隔墙，用掺防锈漆的石膏腻子进行补钉，再使用掺入水与醋酸乙烯乳胶（配合比 10 ： 1）的稀释乳液的石膏腻子对石膏板缝进行分层分次修补。修补腻子干透后用背面涂刷白乳胶的确良布或牛皮纸进行封贴，并满刮两遍腻子。刮环保型聚氨酯防水涂料。

陶瓷锦砖墙面

**贴　灰　饼**　每层打底时以灰饼为基准点进行冲筋，使底灰做到横平竖直。

**抹底层砂浆**　底层砂浆宜分层分遍进行。第一遍厚度宜为 5mm，抹后用木抹子搓平，隔天浇水养护；待第一遍六至七成干时，抹第二遍，厚度约为 8 ~ 12mm；随即用木杠刮平，木抹子搓平，隔天浇水养护。

**弹线分格**　基层达到六至七成干时，按图纸要求分段分格弹线。要求竖向每间隔两块玻璃陶瓷锦砖弹一道控制线，水平方向每间隔一块陶瓷锦砖弹一道控制线。

**排陶瓷锦砖**　根据大样图及墙面尺寸进行排砖，保证陶瓷锦砖缝隙均匀。大墙面和垛子排整砖。陶瓷锦砖应清扫干净后放入净水中浸泡 2h 以上，取出待表面晾干或擦干后使用。

**粘贴陶瓷锦砖**　粘贴应自上而下进行。在每一段或分块内，陶瓷锦砖自下而上粘贴。在最下一层砖下皮的位置先稳好靠尺，以此托住第一皮陶瓷锦砖，在陶瓷锦砖外皮上口拉水平通线，作为粘贴标准。再将该段或该块内门窗口及大角陶瓷锦砖粘贴好以控制水平，保证缝隙均匀平直。再自下而上粘贴大面积陶瓷锦砖。

**揭纸调缝**　贴完陶瓷锦砖墙面，要一手拿拍板靠在贴好的墙面上，一手拿锤子对拍板满敲一遍（敲实、敲平），然后将陶瓷锦砖上的纸用刷子刷上水，约等 20 ~ 30min 便可开始揭纸。揭开纸后检查缝隙大小是否均匀，如出现歪斜、不正的缝隙，应按顺序拨正贴实，先横后竖，拨正拨直为止。

**勾　　缝**　粘贴后 48h，先用抹子把近似陶瓷锦砖颜色的擦缝水泥浆摊放在需擦缝的陶瓷锦砖上，然后用刮板将水泥浆往缝隙里刮满、刮实、刮严，再用麻丝和擦布将表面擦净。

**擦缝清洗**　遗留在缝隙里的浮砂可用潮湿干净的软毛刷轻轻带出，如需清洗饰面时，应待勾缝材料硬化后进行。超出厘米级的缝隙要用 1 ： 1 水泥砂浆勾严勾平，再用擦布擦净。

## 二十一层会议室

### 简介

会议室面积 668m$^2$，可容纳 300 余人。配置先进的音响设备，是举办学术报告、学术交流、文艺晚会、大型综合宴会等的综合大厅。

### 设计

石膏板造型跌级吊顶，墙面木饰面吸声板、不锈钢踢脚，石材门套，地面地胶，主席台地面设计为实木地板，石英石窗台板，不锈钢栏杆，整体设计美观、大方。

会议室内景

## 材料

地胶、石材、木饰面吸声板、石英石、壁纸、不锈钢、铝合金百叶等。

## 技术难点、重点、创新点分析

会议室内墙面采用了大面积的木饰面吸声板。木饰面吸声板横向嵌玫瑰金不锈钢嵌条，采用挂件挂接，要求安装平整，固定牢固，接缝处高差不大于0.5mm。龙骨表面应平整、光滑、无锈蚀、无变形，龙骨的排布尺寸和吸声板的排布尺寸相适应，并应按照设计要求安装和处理龙骨间隙中的填充物。安装的时候重点对墙面的尺寸进行测量，保证安装位置正确，确定水平线和垂直线，给管道和电路留出切空的尺寸。根据要求裁剪木质吸声板，以保证切口平整。为了保证安装效果，实木吸声板的花纹应事先排板，以保证原生态的花纹能够对齐，取得美观效果。

## 木饰面吸声板施工工艺

测量墙面尺寸→裁开部分吸声板→安装吸声板→将吸声板固定在龙骨上→吸声板收边。

**测量墙面尺寸** 确认安装位置，确定水平线和垂直线，确定电线插口、管子等物体的切空预留尺寸。

**裁开部分吸声板** 对立面上有对称要求的，尤其要注意裁开部分吸声板的尺寸，保证两边的对称和线条（收边线条、外角线条、连接线条），并为电线插口、管子等物体切空预留。

**安装吸声板** 吸声板的安装顺序，遵循从左到右、从下到上的原则。吸声板横向安装时，凹口朝上；竖直安装时，凹口在右侧。部分实木吸声板对花纹有要求的，每一立面应按照吸声板上事先编制好的编号从小到大进行安装（吸声板的编号遵循从左到右、从下到上，数字从小到大）。

**将吸声板固定在龙骨上** 轻钢龙骨采用专用安装配件，吸声板横向安装，凹口朝上并用安装配件安装，每块吸声板依次相接。

吸声板竖直安装，凹口在右侧，则从左开始用同样的方法安装。两块吸声板端部要留出不小于 3mm 的缝隙。

**吸声板收边** 收边处用螺钉固定。对右侧、上侧的收边线条安装时为横向膨胀预留 1.5mm，并可采用硅胶密封。

吸声板平面

吸声板收口

# 青岛城投集团永业大厦改造项目

**项目地点**

山东青岛市崂山区海尔路 166 号

**工程规模**

总建筑面积约 $13950.63m^2$

**开竣工日期**

2015 年 12 月 10 日 ~ 2016 年 6 月 15 日

**社会评价**

永业大厦踞守崂山 CBD 之轴，近青银高速，是青岛城市建设投资（集团）有限责任公司办公楼，内部设施完善，为中高端办公场所。

大厦大堂

# 工程简介

本工程是青岛城投集团永业大厦改造项目。从 7.8m 挑高的入户大堂进入，挑高的天顶和广阔的空间使访客的气势不自觉地削减，充沛的空间是一种资格和实力的体现，透露出不急于把每寸土地都转化为商用空间的泰然。本工程建筑面积 13950.63m$^2$，主要施工区域为办公室、大会议室、接待室、茶水间、卫生间、接待中心、大堂吧、走廊等内的装饰、消防、空调、弱电、强电、给排水工程。

# 主要功能空间

## 大堂

### 简介

大堂位于大厦一层，面积 220m$^2$，设有接待区和引导区。墙地面主要采用米黄色大理石，给人以高贵典雅之感。

### 设计

大堂设计风格延续建筑主体完整的造型语言及豪华风格，结合现代科技感的手法，营造出一个富丽堂皇的空间氛围。大堂地面采用米黄色大理石，地面拼花造型与顶棚呼应。大堂背景墙木饰面与铜艺相结合的装饰手法，提升了空间档次，突出了空间的典雅、大气。

### 材料

大理石、木饰面、石膏板、玫瑰金不锈钢等。

### 技术难点、重点、创新点分析

地面为大理石拼花石材，由四种不同类型的大理石拼接而成，图案典雅别致，造型精巧，拼缝需无缝化处理且平整，施工难度较高。水刀切割工艺需严格控制加工误差，拼装完成后，缝隙不超过 0.1mm。为提高大理石的强度，要求石材背网采用背胶黏结，有效控制石材铺贴时的断裂和空鼓现象。为保证铺

大堂接待区

贴效果，采用电脑制图，地面多种石材采用水刀切割，在石材加工厂预拼装并进行编号。为防止石材出现水斑、泛碱、锈蚀现象，石材做油性六面防护处理。按照排板图整体拼装铺贴，铺贴拼花纹路协调一致，层次分明，色彩协调；颜色一致，无明显色差、色斑、色线等缺陷。做结晶处理，处理后石材边角与中央保持一致，光亮照人，无污迹和划痕。

## 地面拼花大理石铺贴施工工艺

### 施工准备

· 材料

水泥：强度等级 32.5 以上的普通硅酸盐水泥、白水泥（擦缝用）。

颜料：矿物颜料（擦缝用，与面块料色泽协调）。

砂子：中、粗砂。

面料：花色、品种、规格按图纸设计要求。

石材：石材防护处理。石材在进场前，应在加工厂预先进行六面体涂刷防护剂处理。

· 作业条件

门框、各种管线预埋件安装完毕并经检验合格。

楼地面各种孔洞缝隙应事先用细石混凝土灌填密实并经检查无渗漏现象。

弹好 +50cm 水平墨线、各开间中心（十字线）及花样品种分隔线。

### 施工工艺流程

清理基层→弹线→铺贴→灌缝→养护。

### 施工工艺

**清理基层** 抹底层灰，要求平整、洁净，其他同水泥砂浆地面。

**弹　　线** 弹出中心线。在房间内四周墙上取中间位置，在地面弹出十字中心线，按板的尺寸留缝、放样、分块，铺板时按分块的位置，每行依次挂线（此挂线起到面层标筋的作用）。地面面层标高由墙面水平基准线返下找出。

安放标准块。标准块是整个房间水平标准和横缝依据，在十字线交点最中间处安放。如十字中心线为中缝，可在十字线交叉点对角线安放两块标准块，标准块应用水平尺和角尺校正。

**铺　　贴** 铺贴前板块应先浸水湿润，阴干后擦去背面浮灰方可使用。大理石板地面缝宽为 1mm。

黏结层砂浆为 15 ~ 20mm 厚干硬性水泥砂浆，抹黏结层前在基层刷素水泥浆一遍，随拌随铺板块。

先由房间中部向四侧退步铺贴。凡有柱子的大厅，宜先铺柱子与柱子中间部分，然后向两边展开。

安放时四角同时往下落，并用皮槌或木槌敲击平实，调好缝，铺贴时随时检查砂浆黏结层是否平整、密实，如有空隙及不实之处，应及时用砂浆补上。

**灌　　缝** 板块铺贴后次日，用素水泥浆灌 2/3 高度，再用与面板相同颜色的水泥浆擦缝，然后用干锯末拭净擦亮。

**养　　护** 在拭净的地面上，用塑料薄膜、夹板或细木工板覆盖保护，2 ~ 3d 内禁止上人。

### 施工要求

首先要检查地面的平整度，清洗地面，高差较大的要先用素混凝土找平，高出的部位要打低至地坪。当即要施工的地面应先扫水泥浆一层，安放石材板再用木槌或橡皮槌敲压挤实板块，直至没有空鼓为止。用 2m 直尺检查平整，最后抹净石料表面，使用前清洗打蜡上光（特殊情况按合同要求另行规定）。

铺贴时，所用材料应符合质量要求。石材要根据图案和纹理试拼编号。

拼花地面

铺贴时板块一定要预先浸水，必须使用干硬性水泥砂浆，并且要进行试铺。

踢脚板可预先安装，也可后安装。先装时踢脚板要低于地面 5mm，安装踢脚板时在其背面抹 2 ~ 3mm 素水泥浆并用木槌敲实，找平找直。隔日用同色素水泥浆擦缝。

石材板铺贴后，水泥砂浆达到标准可打蜡上光。

石材地面最好预铺，对好纹理、编号再正式铺贴。

**质量检验要求**

水泥：满足国家材料标准、未污染、标准色普通硅酸盐水泥（强度等级为 32.5 以上）。
砂子：干净、天然的无污染砂骨料。材料和粒度与国家标准一致。
地面平整，色泽基本调和，不得有空鼓现象。表面平整不大于 1mm（光面），用 2m 靠尺和楔形塞尺检查，接缝平直偏差不大于 1mm（拉 5m 线检查，不足 5m 拉通线检查）；接缝高低不大于 0.3mm；接缝宽度不大于 0.5mm。

## 会议室（大）

**简介**

办公区位于标准层，面积 204m$^2$，为举办大型会议和培训场所。装修简洁明亮，舒适实用。

## 设计

空间整体明亮、简约，设计充分考虑与会者在建筑空间内的舒适度，保证声学、光学的合理运用。顶面采用的矿棉板具有装饰性且具备良好的吸声功能，保证空间的舒适感。墙面装饰以浅色的硬包织物装饰，达到良好的吸声效果。

## 材料

地胶板、呼吸泥、硬包、木饰面等。

## 技术难点、重点、创新点分析

地面采用同质透心 PVC 卷材，以灰色系加以界隔划分。PVC 地面对地面的平整度要求较高，卷材铺设前，应做 3mm 自流平层找平。本工程采用专用胶黏剂，胶黏剂无毒无害，黏结可靠，绿色环保。铺贴地板 24h 后进行板缝焊接。地胶板施工后表面洁净，图案清晰，色泽一致，接缝顺直、严密、美观。

## 呼吸泥施工工艺

### 施工准备

• 材料

水泥：强度等级 32.5 以上普通硅酸盐水泥、白水泥（擦缝用）。

会议室内景

呼吸泥吊顶

颜料：矿物颜料（擦缝用，与面块料色泽协调）。

砂子：中、粗砂。

面料：花色、品种、规格按图纸。

• 施工工具

搅拌机、搅拌桶、铲刀、抹灰刀、收光抹刀、辊刷。

## 施工工艺

**基面处理** 呼吸泥施工前，要保持基面平整、干净，无开裂、透水等问题。

**调和呼吸泥** 呼吸泥在施工前一定要搅拌均匀。根据 0.80（±0.1）：1 的比例称量出合适的呼吸泥和清水，先把清水倒入搅拌桶，再加入呼吸泥，用电动搅拌机搅拌均匀后，静止 5min，再进行二次搅拌，看到呼吸泥成均匀细腻状即可。

**刮涂呼吸泥** 用不锈钢镘刀刮涂第一遍呼吸泥，刮涂厚度应控制在 0.5 ~ 1mm，刮涂涂层均匀平整，无明显刮刀痕、气泡和空鼓；等第一遍呼吸泥不黏手时，再刮涂第二遍呼吸泥。

**辊涂呼吸泥伴侣** 等呼吸泥干透后，用辊子辊涂两遍呼吸泥伴侣，辊涂均匀，接茬处注意平整。

**小浮雕工艺/压花操作** 呼吸泥可在其表面雕刻纹理及图案。等涂抹的呼吸泥完全干燥后，便可根据喜好，依据工法来制作肌理图案或用设计好的图案压花辊筒，均匀地在长效呼吸泥表面进行压花制作，速度、用力一定要平稳、均匀，保证图案前后一致。

# 青岛市老舍故居修复工程

**项目地点**

山东青岛市市南区黄县路 11 号

**工程规模**

1000m$^2$，其中楼体改造面积为 400m$^2$，庭院面积为 600m$^2$

**开竣工日期**

2009 年 10 月 10 日～ 2010 年 5 月 24 日

**社会评价**

青岛市老舍故居修复后成为“青岛市未成年人社会课堂”， 搭建起一个便捷的学习和实践平台，实现了博物馆与社会的共享、互助、互补、互通融合。

老舍故居

故居主立面及老舍先生塑像

# 工程简介

老舍故居又称骆驼祥子博物馆，位于青岛市市南区黄县路 12 号，面南背北，楼下为老舍全家居所。这是老舍先生创作长篇小说《骆驼祥子》的地方。故居楼内原有 12 户居民，早在 2003 年，就有市人大代表提交议案，建议修复老舍故居，但出于各种原因一直搁浅。改造工作于 2005 年市长办公会立项，2008 年 3 月开始对楼内居民及楼体进行置换、安置工作，2009 年 10 月正式施工改造，共投资 1400 多万元，为国内首个以一部文学作品命名的博物馆。

博物馆一楼作为骆驼祥子博物馆的主展览场馆，序厅、版本厅、创作厅等将展厅的功能区划分开来，其中的创作厅还对当年老舍书房进行了部分还原。二楼和三楼阁楼作为文艺沙龙活动处，其中二楼有 5 个具有 20 世纪 30 年代特色的茶室，分别为樱海集、蛤藻集、月牙集、东海集、避暑录话。修复后的院内，坐落着老舍头像和人力车夫雕像，老舍作品墙和孙之儁先生创作的《骆驼祥子》连环画墙通过陶版画的形式得以展现，此外还有舒乙先生亲自绘制的《祥子拉车路线图》。改造过程中大胆创新，突破了单一的保护性维修模式，将保护与开发有机结合起来，对老舍故居进行了科学的规划。将一楼作为骆驼祥子博物馆，二楼和三楼阁楼作为文艺沙龙活动处，为文学交流提供场所和平台，既保留了建筑的历史价值，又提升了其文学功用，还增加了旅游、商务和教育功能，为老舍故居的可持续发展奠定了基础。

# 主要功能空间

## 外景

### 简介

包括故居楼、外围墙。故居楼为重点修复对象。原外墙陈旧，局部抹灰面脱落，造成室内发霉。屋顶原为红瓦，由于长期使用，色泽陈旧且严重残损。原门窗为住户安装的白色塑钢门窗，色调和外观与故居极不搭配。故居外围墙底部为蘑菇石墙裙，上部为红砖筑砌，表面抹灰面大部分脱落，红砖外露，需要进行维修。围墙大门也已经破旧不堪，需要更换。首先对故居楼屋面瓦进行了全部更换，并对屋顶天窗进行更换。墙面原有的抹灰层全部铲除，重新抹灰和涂刷。拆除围墙原有大门并更换铁艺大门。铲除外围墙原抹灰层，重新进行抹灰和涂刷。拆除原来的塑钢门窗，在外窗底部设置毛石窗台板。门外侧设置石材台阶。为加强安全防护，在故居楼窗外侧设置了铁艺防护栏，在外围墙顶部设置铁艺防护栏杆。

### 设计

老舍故居方案尊重基地与文化历史的密切关系，设计核心在于从场所精神角度探讨老舍先生存续的真实的“文化空间”，在设计中追求艺术精神内涵与建筑表现上的气韵相合，以求达成文人精神跨越时空的当代对话。

### 材料

1：2水泥砂浆、屋面瓦、成品花格木门窗、铁艺防护栏、毛石窗台板、石材台阶、防水真石漆、铁艺门。

### 技术难点、重点、创新点分析

由于长期缺乏维护，外墙抹灰面脱落破损，需要全部铲除后抹灰。墙面抹灰层易出现空鼓、龟裂，尤其是在转角、门窗、洞口附近。老舍故居为砖混结构，为控制空鼓，抹灰施工前将基层墙面用水浇透、浇匀，保证浇水深度入墙 8 ~ 10mm，提前一天浇水两遍以上，使抹灰层有较好的凝结硬化条件，在砂浆硬化的过程中保证水分不被砖吸走。施工时，注重在不同基层材料相接处满钉金属网，两边的搭接宽度不小于 100mm，有效避免空鼓、龟裂现象。

花格木窗要求采用天然全实木制造，要求木窗自然美观、纹理顺直、线条流畅，强度应力均匀，结构牢固、不变形、不开裂、经久耐用，且尺寸准确、便于安装，外漆不脱落。选择有一定规模的木窗生产厂家进行定型烘干处理，解除木材内部应力，使防腐木材的内部含水率不大于 13%，有效避免木材的变形与开裂现象。

**外墙面抹灰施工**

| | |
|---|---|
| **外墙抹灰做基层** | 先上部后下部，先檐口再墙面（包括门窗周围、窗台、阳台、雨篷等）。一次抹不完时，在阴阳角交接处或分隔线处间断施工。 |
| **找规矩，做灰饼、标筋** | 由于外墙抹灰面积大，另外还有门窗、阳台、明柱、腰线等要横平竖直，抹灰操作必须一步架一步架往下抹。因此，先在墙面上部拉横线，做好上面两角灰饼，再用托线板按灰饼的厚度吊垂直线，做下边两角的灰饼；然后分别在上部两角及下部两角灰饼间横挂小线，每隔 1.2 ~ 1.5m 做出上下两排灰饼，竖向每步架做一个灰饼，然后冲筋。门窗口上沿、窗口及柱子均应拉通线，做好灰饼及相应的标筋。高层建筑可按一定层数划分为一个施工段，垂直方向控制用经纬仪来代替垂线，水平方向拉通线同一般做法。 |
| **抹底层、中层灰** | 外墙底层灰均采用 1 ： 2 水泥砂浆打底和罩面。<br>弹分格线、嵌分格条。在室外抹灰中，为了增加墙体的美观，避免罩面砂浆收缩后产生裂缝，一般均用分格条分格。具体做法是：待中层灰六七成干时，根据尺寸用粉线包弹出分格线。分格条使用前要用水泡透，防止分格条变形，也便于粘贴。根据分格条的长度将分格尺寸分好，在抹面层的分格条两侧用黏稠的水泥浆（最好掺 108 胶）与墙面抹成 45° 角，横平竖直，接头平直。当天不抹面的“隔夜条”，两侧素水泥浆与墙面抹成 60° 。 |
| **抹面层灰** | 抹面层灰前应根据中层砂浆的干湿程度浇水湿润。面层涂抹厚度为 5 ~ 8mm，应比分格条稍高。抹灰后，先用刮杠刮平，紧接着用木抹子搓平，再用钢抹子初步压一遍。待稍干，再用刮杠刮平，用木抹子搓磨出平整、均匀的表面。不得干磨，否则会造成颜色不一致。若表面太干，应用茅柴帚洒水后再打磨。 |
| **拆除分格条、勾缝** | 面层抹好后即可拆除分格条，并用素水泥浆把分格缝勾平整。采用“隔夜条”罩面层，则必须待面层砂浆达到适当强度后方可拆除。 |
| **做滴水线、窗台、檐口等部位** | 先抹立面，后抹顶面，再抹底面。顶面应抹出流水坡度，底面外沿边做出滴水线槽，滴水线槽的深度和宽度一般均为 10mm。窗台上面的抹灰层伸入窗框下坎的裁口内，堵塞密实。窗台表面安装平整光洁，棱角清晰，与相邻窗口的高度进出要一致，横竖都要成一条线，排水通畅，不渗水，不湿墙。 |
| **养护** | 面层抹光 24h 浇水养护，养护时间为 7d。 |

# 展厅

## 简介

展厅在一层，依次为青岛厅、艺术厅、创作厅和版本厅，总面积 110m$^2$。展示了一些珍贵资料图片和实物，很多都是老舍先生的女儿舒济和儿子舒乙捐赠的。青岛厅以山海之间为题，主要展示了老舍在青岛的岁月，生动地描述了老舍先生在青岛的工作、生活和文学创作之路。展出了多部老舍先生的文学作品以及多国的翻译文本，展现了先生在世界文学中的重要地位。艺术厅通过四台液晶电视不断播放话剧、电影、曲剧和京剧版的《骆驼祥子》，橱窗内展示有关《骆驼祥子》的各种文献，墙面上展示着《骆驼祥子》的演出海报和剧照，凸显《骆驼祥子》的广泛影响力。创作厅内有先生使用过的钢笔、眼镜、书桌、瓷罐等物品，墙上挂着先生的相片和与夫人胡絜青的结婚照，柜内展示着先生曾经的手稿和阅读过的书籍，让人仿佛可以看到先生泼墨挥毫的身影。版本厅以倾情苍生为主题，介绍了老舍先生与《骆驼祥子》的不解情缘，通过对老舍先生的追忆，生动讲述了创作《骆驼祥子》的由来。通过对作品的介绍，让人们了解到底层人们生活的困苦和悲惨，激发人们的同情之心。

## 设计

老舍故居展厅的历史物品陈列、空间规划以及平面布置和灯光控制等，不追求奢华，而是采用偏暗暖色调的设计风格，采用温暖的灯光柔和地打在粗糙质感的墙面上，使人有复古的时代感，集中向观众传递

青岛厅

艺术厅

创作厅

具有浓厚生活气息的环境，凸显展品的特色，把参观者带入一个过去时代之中，让人凝神思考，浮想联翩，细细品味作者与其作品。

## 材料

150mm × 150mm方格格栅吊顶、单头斗胆灯、真石漆、600mm × 300mm仿古地砖。

## 技术难点、重点、创新点分析

展厅的吊顶主要采用了方格格栅吊顶，空调风口都隐藏在吊顶上部。为了保证吊顶内部件、设备终端与吊顶颜色的协调一致，需要对吊顶内部件及设备进行喷涂处理。为了突出展品、照片等，需要在方格格栅吊顶内设置单头斗胆灯，严格安排射灯的安装位置、照射角度。单头斗胆灯固定设计了专用的转向支架，保证射灯与格栅固定牢固，同时便于调整照射角度和照射范围。由于是老建筑，室内墙皮起皮脱落较为严重，施工中对原墙面进行了彻底铲除。为保证抹灰层黏结效果，在墙面挂网后进行抹灰找平，刮涂腻子并喷涂米黄色真石漆。斑纹、花点巨细均匀，无显著接槎、漏喷、漏涂、透底、流坠等现象。

## 方格格栅施工

**弹　　线**　用水准仪在房间内每个墙（柱）角上抄出水平点（若墙体较长，中间也应适当抄几个点），弹出水准线（水准线距地面一般为500mm），从水准线量至吊顶设计高度，用粉线沿墙（柱）弹出水准线，即为吊顶格栅的下皮线。同时，按格栅吊顶平面图，在混凝土顶板弹出主龙骨的位置。主龙骨应从吊顶中心向两边分，间距为 1000mm，并标出吊杆的固定点，吊杆的固定点间距为 900 ~ 1000mm。如遇到梁和管道，固定点大于设计和规程要求，应增加吊杆的固定点。

**固定吊挂杆件** 采用膨胀螺栓固定吊挂杆件。可以采用 $\phi$6 的吊杆。吊杆可以采用冷拔钢筋和盘圆钢筋，但采用盘圆钢筋应采用机械将其拉直。格栅吊顶吊杆的一端同∟30×30×3 角码焊接（角码的孔径应根据吊杆和膨胀螺栓的直径确定），另一端可以用攻丝套出大于 100mm 的丝杆，也可以买成品丝杆焊接。制作好的吊杆应做防锈处理，吊杆用膨胀螺栓固定在楼板上，用冲击电锤打孔，孔径应稍大于膨胀螺栓的直径。

**轻钢龙骨安装** 轻钢龙骨应吊挂在吊杆上。采用 38 轻钢龙骨，间距 900mm。轻钢龙骨平行房间长向安装并起拱，起拱高度为房间跨度的 1/300 ~ 1/200。格栅吊顶轻钢龙骨的悬臂段不大于 300mm，超出时增加吊杆。主龙骨的接长采取对接形式，相邻龙骨的对接接头相互错开，轻钢龙骨挂好后调平。

**弹簧片安装** 用吊杆与轻钢龙骨连接，间距 900mm，再将弹簧片卡在吊杆上。

**格栅主副骨组装** 将吊顶格栅的主副骨在下面按设计图纸的要求预装好。

**格栅安装** 将预装好的格栅吊顶用吊钩穿在主骨孔内吊起，将整栅的吊顶连接后，调整至水平。

## 樱海集

### 简介

取自老舍先生的短篇小说《樱海集》，为最大的一间主题茶室，面积 23.15m$^2$，主要用于接待参观的领导和外宾。

### 设计

墙面以简朴的手法（粉刷墙），耐用且朴实无华。木质隔断上面有经过现代设计处理的回字花格纹样，表达了向中国传统文人文化致敬的态度，窗前的一方小书桌，也为整体的空间增加了一丝书卷气，用最低调的手法表达了文人情愫。

樱海集

蛤藻集

## 材料

9.5mm 双层石膏板吊顶、轻钢龙骨、4 寸筒灯、T5 灯管、木质花格、实木窗、实木红松地板、成品实木踢脚线。

## 技术难点、重点、创新点分析

木质花格作为重要装饰构件，是装修中的亮点，质量要求较高。要求连接牢固，拼缝密实，色泽均匀，表面平整，平面度要求小于等于 0.5mm/m。现场拼装将无法保证以上要求，采取工厂制作的成品木质花格，并采用榫卯结构进行整体拼装。出厂前进行有效保护，现场整体安装，有效保证木质花格的质量。

## 木质花格制作安装工艺

木质花格采用色泽统一、无疤节的黑胡桃木，按图精确下料，长度误差控制在 0.5mm。

为有效控制成型尺寸误差，采用传统的榫卯结构进行组装，精准的榫头和开槽口设计构造保证了花格的外形尺寸，成品平整，拼缝密实，拼缝高差控制在 0.2mm 以内。

格栅吊顶

安装时在边框上面用手钻打小孔，墙上设置木楔，透过边框的小孔钉入边框的木楔固定。同样，在木质花格上面用手钻打小孔，透过小孔钉入边框进行固定。

严格控制木质花格安装后的表面平整度，误差不超过 1mm。

## 蛤藻集

### 简介

取自老舍先生的短篇小说《蛤藻集》，为小型主题茶室，面积 14.58m$^2$，主要用于接待参观的领导和外宾。

### 设计

空间主要墙面沿用之前的白墙，与低调的地板一起为空间奠定了温暖、内敛的基调。局部墙面、柱子等部位采用木饰面装饰，表现文人沉稳和质朴的性格。为打破实墙材质的单一与沉闷，空间设置了可以透光的木质隔断，使墙体有了一种灵动。吊顶采用生态木长城板，丰富顶部空间层次，营造室内空间的安逸祥和氛围。

## 技术难点、重点、创新点分析

室内采用优质实木红松地板。由于建筑靠近海边，实木地板如果含水率过高，受海边潮气影响易受潮发霉变色甚至腐蚀，地板会产生裂缝、起拱、凹板等。施工前对地板的含水率进行了严格控制（控制在10% ~ 12%），对含水率过大的地板进行烘干处理。为更好地防潮，铺设 1.5mm 厚的防潮垫，隔离地面的潮气。如果地板加工精度不够，出现大小头，或者地板铺设太紧或跨度过大、过长，铺设后都将造成爆漆、变形。因此，要求地板的几何尺寸规整，板条平整，控制 ±0.5mm 以内。 为避免实木地板铺设后出现响声，施工中保证地坪和地板木格栅高低平整；选择配套钻头进行钻孔，打孔钻头的直径不大于地板钉直径，地板铺设未与木格栅贴紧，地板铺设松紧适中，铺设后达到养护时间再投入使用。施工后，铺贴面层平整度不大于 5mm，拼接高度差不大于 0 .6mm，拼装缝隙宽度控制在 0.6mm 以下，安装后地板平整、无响声。

## 实木地板施工工艺

地板铺设前拆包，堆放在铺设现场 1 ~ 2d，使其适应环境，以免铺设后出现胀缩变形。

地板安装时要留伸缩缝，地板与墙壁之间要预留出 10mm 左右的地板伸缩缝。地板间缝隙不超过1mm。密度较高的地板铺设时，每块应留 0.4mm 的间隙，以防日后起拱。实木地板之间预留伸缩缝。

地板下须铺设防潮膜，接口处互叠，用胶布粘贴防止灰尘水汽进入。

木格栅应弹线。按 300 ~ 400mm 距离打孔，预埋丝杆；木格栅按 300 ~ 400mm 开沉头孔，调整丝杆、调平龙骨基层；固定不得损坏预埋管线。木格栅与墙之间留 30mm 缝隙。

踢脚线表面光滑，接缝严密；踢脚线上口平齐（3mm/5m），踢脚线与面层的接缝小于 1mm。

板面缝隙宽度小于 0.5mm/ 钢尺、表面平整度小于 2mm/2m、面板拼缝平直度小于 3mm/5m、相邻板材高度差小于 1mm/ 钢尺。

# 月牙集

## 简介

取自老舍先生的中篇小说集《月牙集》，为小型主题茶室，面积 14.58$m^2$，主要用于接待参观的领导和外宾。

月牙集内景

## 设计

木格栅门窗、仿古家具和明亮整洁的室内环境，使得整个空间在繁华都市中别树一帜，如一缕清风般自然而静谧，仿佛能想象到老舍和友人在此品茗与欣赏街景，或在这里谈笑风生，不知不觉成为路人眼里别致的风景。这里不仅是喝茶小憩的场所，更是老舍生活方式的展示平台，是人们与老舍对话的窗口。

## 技术难点、重点、创新点分析

展示墙为仿古青砖，由于仿古青砖饰面与墙面有一定的距离，需做钢龙骨。将 18mm 厚大芯板连接在钢龙骨上作为基层板，再黏结仿古青砖。这对黏结质量要求较高，若施工不当，仿古青砖易脱落。为保证施工质量，首先对大芯板进行防火处理，采用螺钉固定于钢龙骨上。考虑到黏结的可靠性和耐久性，采用了耐候结构胶进行黏结，黏结前将胶与瓷砖、大芯板进行相容性试验，以保证黏结牢固可靠。

## 仿古青砖施工工艺

对进场青砖实行全数检查，主要检查内容包括尺寸、平整度、表观质量（裂缝、空洞、细眼）、色差等。

展示墙

对符合设计及施工要求的予以进场使用，否则退货。

对各个青砖立面用 CAD 绘制电子排板图，主要考虑青砖模数。精心处理对缝，墙体上、下口，立面转角，洞口及伸缩缝等。结合电子排板，根据现场实际，在墙体上弹出墨线，并确认效果。

安装临时支承角样板，经各方认可。对青砖表观质量、黏结情况进行检查，可行后才大面积铺开；如有问题，及时查找原因并加以纠正，再次施工样板，直至确认为准。

进行防火处理，涂刷防火涂料两遍。

青砖背面满涂耐候结构胶，沿画好的线粘贴，胶厚度控制在 5mm。

## 东海集

### 简介

取自老舍先生的短篇小说集《东海集》，为小型主题茶室，面积 15m$^2$，主要用于接待参观的领导和外宾。

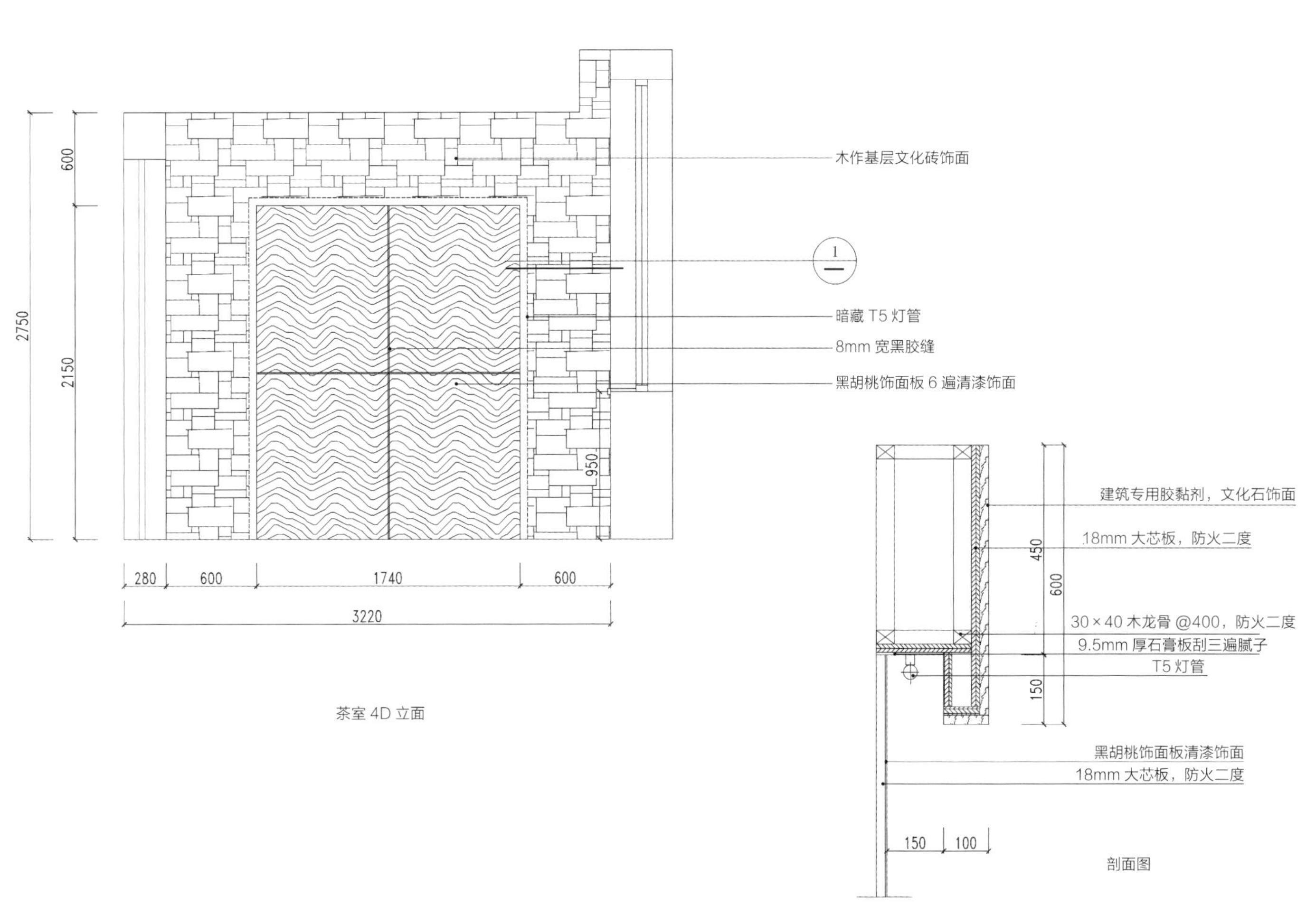


茶室 4D 立面

剖面图

文化墙砖节点图

### 设计

访者进入空间的仪式感与体验感，是设计师在设计中不能忽视的一点。迎面的背景墙设计，通过强化质感和视觉比例，平衡审美与体验的双重需求，统一的顶棚设计延伸了整个空间，如帘幕一般的屏障分隔了室内与室外。

## 走廊

### 简介

走廊长 20m，宽 1.5m，位于二层，两侧为主题茶室及辅助用房。

### 设计

中式的框架结构，仿古造型滴水檐，方方正正，格局雅致，利落切割的线条，半围合格栅，气质通透明朗，也自然过渡了室内外空间。沿袭传统工艺的水磨石，以素雅清浅的米灰色，平衡了传统建筑的厚重感，让人仿佛置身于 20 世纪 20 年代末期的北京街巷，思绪万千。

### 技术难点、重点、创新点分析

仿古造型滴水檐是走廊的亮点，也是重点和难点。传统的琉璃瓦是安装在屋面上，此处作为装饰构件，安装在走廊两侧吊顶下面。为了取得惟妙惟肖的效果，同时保证安装牢固可靠，采用了曲柳实木块做滴水檐飞椽，18mm 厚大芯板做滴水檐。为保证滴水檐的刚度，设置 18mm 厚大芯板作为加强肋板，间距 400mm。飞椽和滴水檐表面涂刷红色聚氨酯漆。琉璃瓦采用专用固定配件和木螺钉固定在大芯板上，有效保证滴水檐安装的稳定性，同时保证外观造型效果。

### 仿古造型滴水檐施工工艺

仿古造型滴水檐采用成品仿古青瓦，进场时，对进场琉璃瓦全数检查。产品外观要求光滑整洁，釉色鲜亮纯正。瓦件组装一起，釉色要基本一致。造型纹样规整清晰，产品允许尺寸 ±2mm。达到以上要求即为合格。

采用水准仪和长卷尺进行测量。对设计图纸中涉及的标高及轴线相关尺寸均在施工

走廊

走廊吊顶（局部）

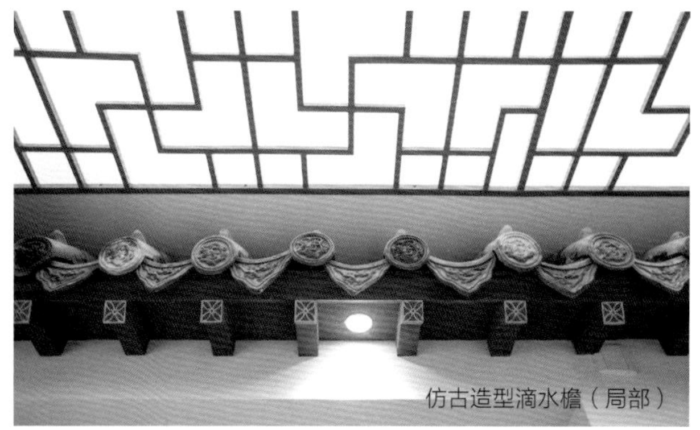
仿古造型滴水檐（局部）

前给予测量、复核，所有标高点均与设计图纸进行核对，并提交业主，由设计和业主确认后作为整个工程的标准控制点。用水准仪将 1m 控制线引至各层柱、墙上，用墨斗线统一弹出，仿古造型滴水檐以此线为准定位。

大芯板和木方进行防火处理，涂刷防火涂料两遍。

为保证滴水檐质量，采用工厂化加工成型。出厂前对外观尺寸、连接等进行严格检验。

在墙面安装木龙骨，规格为 30mm × 50mm 白松木，采用 3.6mm × 32mm 射钉固定于墙面。

将成品滴水椽按照定位位置线，通过 5mm × 35mm 木螺钉固定在木龙骨上，要求安装牢固可靠。

琉璃瓦瓦面用铜螺钉固定在滴水檐上。瓦中心距 138mm，要求排列整齐划一，安装牢靠。

安装后拉通线，采用钢尺进行检查，直线度不大于 3mm。

图书在版编目（CIP）数据

中华人民共和国成立70周年建筑装饰行业献礼．德才装饰精品 / 中国建筑装饰协会组织编写；德才装饰股份有限公司编著．—北京：中国建筑工业出版社，2019.10

ISBN 978-7-112-24297-9

Ⅰ．①中…　Ⅱ．①中…　②德…　Ⅲ．①建筑装饰－建筑设计－青岛－图集　Ⅳ．①TU238-64

中国版本图书馆CIP数据核字（2019）第220027号

责任编辑：王延兵　费海玲　张幼平
书籍设计：付金红　李永晶
责任校对：王　烨

**中华人民共和国成立70周年建筑装饰行业献礼**
**德才装饰精品**
中国建筑装饰协会　组织编写
德才装饰股份有限公司　编著
*
中国建筑工业出版社出版、发行（北京海淀三里河路9号）
各地新华书店、建筑书店经销
北京方舟正佳图文设计有限公司制版
北京雅昌艺术印刷有限公司印刷
*
开本：965毫米×1270毫米　1/16　印张：12½　字数：255千字
2021年1月第一版　2021年1月第一次印刷
定价：200.00元
ISBN 978-7-112-24297-9
(34175)